잠 못들 정도로 재미있는 이야기

인체의 신비

오기노 다카시 감수 | 윤관현 감역 | 양지영 옮김

BM (주)도서출판 성안당

머리말

　해외의 어떤 연구에서는 2007년 일본에서 태어난 갓난아기 중 절반의 기대수명이 100세 이상이 될 것으로 추산한다. '백세 인생' 시대가 가까워지면서 건강하고 오래 살기 위한 노력의 일환으로 건강에 대한 관심이 더욱 높아지고 있다. 텔레비전이나 인터넷에서는 건강에 관한 정보가 넘쳐나고, 스마트폰으로 전문 지식도 손쉽게 검색할 수 있다.

　그러나 이러한 건강 정보에는 지나치게 다양한 내용이 포함되다 보니 진위를 비롯한 유용성(중요한 정보가 어떤 것인지)을 판단하기 어렵다. 정보의 유용성을 판단하고 적절하게 활용해서 건강한 삶을 살아가기 위해서는 먼저 인간의 '몸'에 대한 정확한 지식을 아는 게 중요하다.
　왜냐하면 정확한 지식은 세상에 넘치는 건강 정보에 휩쓸리거나 무조건 신뢰하지 않고, 어떤 정보가 유용한지 판단하는 토대가 되기 때문이다.

　이 책에서는 인간의 '몸'에 대한 이해를 돕는 기본적인 궁금증을 다루는 데 그림을 삽입해서 쉽게 설명하고 있다. 읽어보면 '몸'에 대해 더 알고 싶다는 의욕을 자극해서 더 다양한 지식을 얻는 첫발이 될 것이다. 인간의 '몸'은 아직 해명되지 않은 비밀과 수수께끼가 있어서 매우 신비하다. 독자의 이해가 깊어져서 자신의 '몸'과 생명이 둘도 없는 소중한 존재라는 점을 느낄 수 있다면, 일개 의료종사자로서 그 이상 기쁠 수는 없을 것이다.

　마지막으로 이 책에서는 다수가 주장하는 의견에 대해서는 일반적으로 인식되는 사실을 우선시했다. 그리고 누구나 읽기 편하고 이해하기 쉬운 책이라는 점을 중요시했다. 따라서 내용은 대중서이고, 전문가가 보면 충분하지 않거나 세밀하지 못한 표현이 있을지도 모른다. 모쪼록 이해해주시고 즐겁게 읽어주시면 감사하겠다.

　감수를 도와주신 야마무라 겐 선생님, 도미나카 겐지 선생님에게 이 자리를 빌려 감사의 말을 전한다.

감수자 의학박사
오기노 다카시

머리말　2

제1장
몸을 컨트롤하는 정보 시스템
뇌와 신경의 신비　7

- 01_뇌는 무겁고 주름이 많을수록 머리가 좋다?　8
- 02_유체이탈은 오컬트 현상이 아니었다?!　10
- 03_벼락치기 공부가 머릿속에 남지 않는 것은 당연하다!　12
- 04_왜 상상하지 못했던 꿈을 꾸는 걸까?　14
- 05_왜 사람만 언어를 사용하는 걸까?　16
- 06_첫눈에 반한다는 건 뇌의 착각!　18
- 07_'운동신경'이 좋다는 건 어떻게 정해지는 걸까?　20
- 08_'간지럼'은 정말 '약한 통증'일까?　22
- 09_왜 나이가 들면 건망증이 생기는 걸까?　24

칼럼 | AI가 인류를 지배하는 세상이 정말 올까?　26

제2장
음식물의 소화·흡수·배설
소화기와 비뇨기의 신비　27

- 10_타액과 침은 같은 것일까?　28
- 11_'디저트 배 따로'는 정말일까?　30
- 12_공복일 때 배에서 소리가 나는 이유는 뭘까?　32
- 13_식후 속이 쓰린 건 어떤 증상일까?　34
- 14_장이 '제2의 뇌'라는 건 무슨 뜻일까?　36
- 15_방귀와 트림 중 냄새가 더 심한 쪽은?!　38
- 16_술이 강한 사람과 약한 사람은 뭐가 다를까?　40
- 17_식후나 갑작스러운 운동으로 배가 아픈 이유는 뭘까?　42
- 18_대변은 장내 상태를 알려주는 중요한 소식통!　44
- 19_긴장하면 왜 화장실에 가고 싶어질까?　46

칼럼 | 막창자꼬리, 지라, 가슴막과 같은 '쓸모없는 장기'는 사실 쓸모 있었다! 48

제3장

생명을 유지하고 몸의 이상에 반응
순환기와 호흡기의 신비 49

20_심장은 죽을 때까지 일하는 데 지치지 않을까? 50
21_심장이 '암'에 걸리지 않는 이유는 뭘까? 52
22_사람의 혈관에는 어떤 비밀이 있을까?! 54
23_체내를 순환하는 림프의 역할은 혈액과 어떻게 다를까?! 56
24_모든 아기는 태어날 때부터 가짜울음의 달인?! 58
25_꽃가루 알레르기에 걸리는 사람과 걸리지 않는 사람의 차이는 뭘까? 60
26_아무리 추워도 남극에서 감기에 걸리지 않는 이유 62
27_재채기는 왜 나올까? 64

칼럼 | 청진기로 무엇을 듣는 걸까? 66

제4장

여러 가지 신호를 감지하는
감각기의 신비 67

28_눈물과 콧물의 정체는 '붉지 않은' 혈액! 68
29_추위와 공포, 감동에도 소름이 돋는 이유는 뭘까? 70
30_사람의 눈은 어떤 식으로 사물을 보는 걸까? 72
31_인종에 따라 피부나 눈, 머리카락의 색이 왜 다를까? 74
32_콧구멍은 왜 두 개일까? 76
33_피겨선수가 회전할 때 어지러움을 느끼지 않는 이유는 뭘까? 78
34_손톱은 건강의 신호등이란 무슨 뜻일까? 80
35_피부 호흡을 못하면 죽는다는 말은 진짜일까? 82
36_대머리와 대머리가 아닌 사람은 무엇이 다를까? 84

칼럼 | 매운맛은 미각이 아닌 감각으로, 두뇌에서 통증으로 인식된다?! 86

제5장

몸을 지탱하고 움직이게 하고 외형을 만드는
근력·골격과운동의 신비 87

- 37_ 어른이 되면 왜 키가 크지 않는 걸까? 88
- 38_ 뼈는 살아있다 '회춘하는 장기'! 90
- 39_ 운동하지 않으면 근육과 몸은 어떻게 될까? 92
- 40_ 근육에 적색 근육과 백색 근육이 있는 이유는 뭘까? 94
- 41_ 관절에서 딱딱 나는 소리의 정체는 뭘까? 96
- 42_ 발바닥의 장심은 왜 있을까? 98
- 43_ 식초를 마시면 정말로 몸이 유연해질까?! 100
- 44_ 근육통의 '유산(乳酸) 범인설'은 누명이었다?! 102

| 칼럼 | 폐경 후 여성이 걸리기 쉬운 골다공증을 맥주로 예방?! 104

제6장

생명의 탄생과 신비를 낳는
생식기와 세포·성장의신비 105

- 45_ 여성은 몇 살까지 아이를 낳을 수 있을까? 106
- 46_ 왜 남녀로 나눠져서 태어나는 걸까? 108
- 47_ 왜 인간의 아이는 태어나자마자 걷지 못하는 걸까? 110
- 48_ 사람의 몸은 무엇으로 이루어져 있을까? 112
- 49_ 세포가 자살한다는 건 무슨 뜻일까? 114
- 50_ 비만의 최대 적인 체지방이 좀처럼 줄지 않는 이유는 뭘까? 116
- 51_ 인간이 암에 걸리는 이유는 뭘까? 118
- 52_ 부모를 꼭 닮은 아이와 닮지 않은 아이가 있는 이유는 뭘까? 120
- 53_ 수명을 연장하는 '텔로머레이스'란 뭘까? 122
- 54_ 여성이 남성보다 장수하는 이유는 뭘까? 124

| 칼럼 | 유전자, DNA, 염색체, 게놈의 차이를 알고 있을까? 126

제 1 장

몸을 컨트롤하는 정보 시스템
뇌와 신경의 신비

01 뇌는 무겁고 주름이 많을수록 머리가 좋다?

천재는 선천적인 것이 아니다, 유년기가 포인트

동물과 뇌의 관계를 비교해보면 일반적으로 작은 동물일수록 체중에 비해 뇌가 무겁고, 반대로 큰 동물일수록 가볍다. **동물의 뇌와 체중 사이에는 '뇌의 무게는 체중의 25%에 비례한다'라는 규칙성이 있고, 이것을 '크기식'이라고 한다.** 하지만 동물계의 보편적인 규칙에 적용되지 않는 동물이 있다. 그것이 사람이다. **사람은 동물 중에서 예외적으로 큰 뇌를 가지고 있기 때문이다.**

또한 사람의 경우 아인슈타인의 뇌가 1,230g으로 일반 성인 남자의 뇌(1,350~1,500g)보다 작았다는 점에서 뇌의 크기와 머리가 좋은 것은 상관이 없다는 사실을 알 수 있다. 그러나 캘리포니아대학에서 진행한 「뇌의 크기와 지능지수(IQ)의 관계」라는 연구에서는 근소한 차이지만 뇌의 크기가 큰사람일수록 IQ가 높고, 특히 '대뇌겉질'의 '이마앞구역'와 '후관자엽'의 피부가 두꺼운 사람의 IQ가 높다는 결과를 발표했다. 그런데 연구를 더 진행해보니 피질이 두꺼워도 IQ가 높지 않은 사람이 있다는 사실도 알게 되었다. 이와 같은 결과를 통해 **'IQ 수치는 피질의 두께보다 유년기의 뇌성장이 중요하다'**고 생각하게 되었다. 이와 같은 연구 결과를 뒷받침이라도 하듯 IQ가 120 이상인 사람의 뇌 피질이 7~9세에는 평균보다 얇다가 이후 13세가 될 때까지 급속도로 두꺼워진다. 이와 같은 주장은 유년기의 교육열을 상승시킬 수 있다. 그러나 **한편으로 IQ는 다양한 지능을 망라한 수치가 아니라는 점을 파악해 둘 필요가 있다.**

옛날부터 '뇌의 주름이 많을수록 머리가 좋다'라는 속설이 있다. 그러나 뇌의 주름은 태아였을 때 대뇌가 형성되는 과정에서 만들어져 태어났을 때는 이미 완성된 형태이기 때문에 **성장해서 아무리 공부해도 주름 수는 늘어나지 않는다고 한다.**

뇌의 무게와 머리가 좋은 것은 상관없다!
아이슈타인의 뇌는 평균보다 작았다

유명인 뇌의 무게를 비교해보자!

유명인 뇌의 무게

아인슈타인 (이론 물리학자)	미나카타 쿠마구스 (일본 박물학자)
1,230g	1,260g
유카와 히데키 (일본인 첫 노벨상 수상자)	**칸트** (근대철학의 시조)
1,390g	1,650g

성인의 평균 뇌의 무게

남성: 1,350~1,500g
여성: 1,200~1,300g

동물의 뇌를 검증해보자

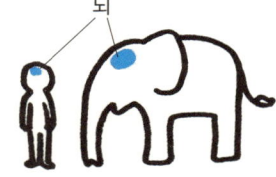

뇌

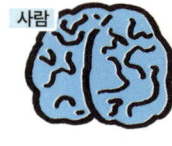
사람

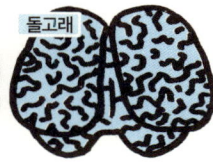
돌고래

사람의 뇌의 무게는	총 체중의 38분의 1 코끼리는 500분의 1
큰돌고래	약 1,600g
향고래	약 8,000g
코끼리	약 4,400g

돌고래의 뇌 주름은 사람보다 많다

돌고래는 수중에서 소리를 내고 그 반향을 탐지하기 때문에 뇌의 주름이 늘어났다는 설이 있다. 하지만 사람보다 지능이 떨어진다는 점에서 보면, '뇌의 주름이 많을수록 머리가 좋다'고는 단정할 수 없다.

IQ와 머리가 좋은 것의 상관관계

IQ
한국인 평균 IQ
= 약 106

IQ란 지능 수준과 발달 정도를 나타내는 수치(지능지수)를 말한다. 그리고 IQ가 높다는 것은 사고력, 사물의 처리 능력, 기억력이 발달해서 학습 능력이 높은 것을 의미한다. IQ 수치는 유년기까지의 학습이 중요하다고 하지만, 여러 지능을 망라한 수치라고는 할 수 없다. 현재는 지적장애자의 학습 지도와 지원에 이용된다.

02 유체이탈은 오컬트 현상이 아니었다?!

뇌에는 유체이탈을 일으키는 불가사의한 부분이 있다

옛날부터 죽으면 영혼이 몸에서 빠져나가 누워있는 자신의 몸을 내려다보는 '유체이탈'이라는 현상이 있다고 하는데, 실제로는 있을 수 없는 일이다. 그러나 의외로 **사후 세계 체험**은 드문 일이 아니고, 심정지 후에 회복한 사람 중에 **사후 세계 체험**을 경험한 사람이 많다. 게다가 내용도 섬뜩할 정도로 비슷하다고 한다. 특히 대부분의 공통점은 앞에서 말한 유체이탈, 온화한 기분, 멀리서 강렬하게 빛나는 빛, 이계에서 온 사람들과의 대화 등 불가사의한 점이다. 그러나 일어난다 해도 일 년에 한 번 정도라서 과학적으로 검증하기 어렵다 보니 영적인 현상으로 정리되었다. 그런데 임사상태가 아니더라도 유체이탈 상태를 체험할 수 있다. 뇌 실험에서 직접 전기 자극을 주면 여러 가지 반응이 일어난다. 예를 들면 뇌의 운동피질을 자극하면 팔이 제멋대로 들리거나, 시각 영역을 자극하면 보이지 않아야 할 색이 보이거나 한다.

　이 실험으로 침대에 누워있는 사람 대뇌의 '모이랑'이라는 부위를 자극했을 때, 자신이 붕 떠올라 누워있는 자신을 내려다보는 유체이탈의 감각을 느꼈다는 피험자가 나타났다. 이러한 결과로 **모이랑으로 인해 마치 꿈과 비슷한 환각증상이 일어난다는 가설을 세우게 된 것이다**. 모이랑은 언어 인지, 시각 정보와 관련된 영역이다. 사람과 동물 진화의 초기 단계에서 획득된 것이라고 여겨진다. 즉, 다른 동물이 적인지 아군인지와 같은 본성을 꿰뚫어 보는 생존경쟁의 무기로 뇌에 탑재된 것이다. 높은 곳에서 내려다보는 유체이탈은 '자신의 내면을 응시'하는 사람에게는 매우 중요한 능력으로, 최고의 운동선수 중에는 이런 초능력을 가진 사람이 많다고 한다.

> **유체이탈은 뇌의 각회라는 곳에서 활성화되어 생긴다!**
> 최고의 운동선수 중에는 유체이탈의 초능력을 가진 사람이 있다

모이랑이 활성화해서 나타난다

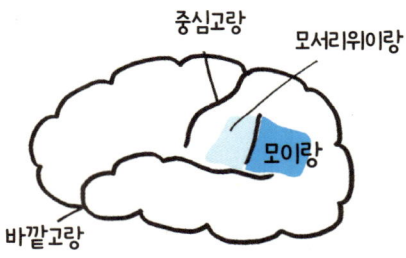

모이랑 대뇌의 두정엽의 외측면에 있는 영역. 언어 인지의 대부분을 처리한다.

유체이탈이란?

체외 이탈 체험을 말한다. 인간의 육체에서 마음과 의식이 빠져나가는 현상.

최고 운동선수가 가진 유체이탈 능력

스포츠 중에서 마치 유체이탈을 한 것처럼 높은 곳에서 내려다보는 시선으로 자신을 보면서 집중하면 불가사의한 힘이 생겨서 좋은 성적을 낸다고 한다.
(몇 명의 최고 운동선수가 체험했다고 한다.)

달력의 연도, 날짜, 요일을 순간적으로 맞춘다.

특정 분야에서 천재적인 능력을 발휘하는 뇌

지적장애나 발달장애를 가지면서도 어떤 특정 분야에서 우수한 능력을 발휘하는 증상을 '서번트 증후군'이라고 한다. 예를 들어 한 번 본 것이 영상처럼 머리에 남고, 한 번 들은 음악을 바로 피아노로 연주하는 탁월한 능력을 가진 사람을 말한다.

03 벼락치기 공부가 머릿속에 남지 않는 것은 당연하다!

기억은 반복하지 않으면 장기 기억으로 전환되지 않는다

우리는 매일 매일 다양한 것을 보거나 듣거나 생각하거나 하지만, 대부분은 시간이 지나면 잊어버린다. **기억에는 기억하는 기간의 길이에 따라서 '단기 기억'과 '장기 기억'이 있다.**

몇 초에서 몇 분 사이의 짧은 시간만 기억하는 기억을 '단기 기억', 그 이상 저장되는 기억을 '장기 기억'이라고 한다. 단기 기억에서 한번에 기억할 수 있는 용량은 약 7개 정도라고 한다. 단기 기억보다 더 짧은 시간, 일시적으로 조작하면서 정보를 뇌에 저장해서 처리하는 능력을 **'작업능력'**이라 하고, 작업능력은 단기 기억보다 더 적은 4가지 정도를 기억한다.

단기 기억은 일시적으로 대뇌 속에 있는 '해마'에 저장된다. 해마는 눈이나 귀와 같은 감각기관에서 받은 방대한 정보 중에서 중요한 정보만을 골라 대뇌겉질로 보낸다.

감정과 관련 있는 것은 편도체로, 체험에 의한 '에피소드 기억'은 이마엽으로, 지식과 같은 '의미기억'은 관자엽으로, 몸의 움직임을 수반하는 '절차기억'은 소뇌나 대뇌바닥핵에, 각각의 기억은 기억 종류별로 다른 부위로 보내져서 장기 기억이 된다.

장기 기억에는 기억의 ①기록, ②저장, ③정착, ④상기라는 과정이 있고, **한 번 저장된 기억은 반복을 통해 정착해서 어떤 자극을 받으면 떠올릴 수 있다.**

기억은 복습과 같은 과정을 반복하여 뇌에 정착하기 때문에 무언가를 한 번만 외웠다면 바로 잊어버리기 쉽다. 벼락치기 공부가 머릿속에 남지 않는 것도 그런 이유에서이다. 그러니 충분히 숙면을 취한 뒤에 기억할 것을 뇌에 남겨 놓자. **몇 번이고 반복해서 외우면 뇌가 중요한 정보라고 판단하면 기억에 남기 쉽다.**

기억에는 단기 기억과 장기 기억이 있다!
중요한 기억은 계속 반복하면서 뇌에 남게 된다

기억의 종류

- **장기 기억**
  - 진술 기억
    - 의미 기억: 언어의 의미와 같은 지식
    - 에피소드 기억: 체험이나 추억
  - 비진술 기억
    - 절차 기억: 몸으로 외운 기억
- **단기 기억**
  - 작업 기억

벼락치기 공부는 대부분 단기 기억으로 형성되어 바로 잊어버린다.

기억에 관여하는 뇌의 시스템

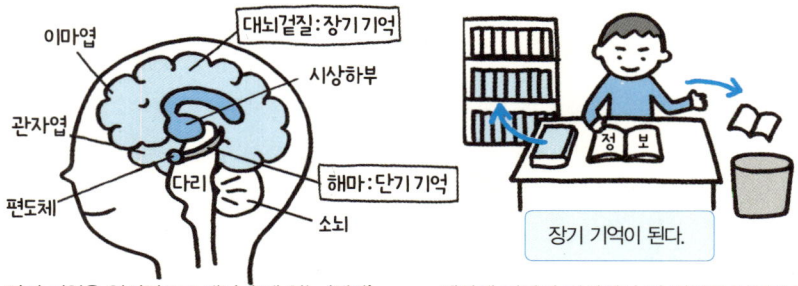

이마엽, 관자엽, 편도체, 대뇌겉질:장기 기억, 시상하부, 다리, 해마:단기 기억, 소뇌

장기 기억이 된다.

단기 기억은 일시적으로 대뇌 속에 있는 '해마'에 저장한다. 해마는 정보 중에서 중요한 정보만을 골라서 대뇌겉질로 보낸다.

해마에 저장된 기억에서 몇 번이고 반복해서 기억한 정보는 뇌가 중요하다고 판단해서 장기 기억이 된다.

작업 기억은 일시적인 메모장

작업 기억은 일시적인 정보를 뇌에 저장하고 처리하는 능력으로 뇌의 메모장이라고도 한다. 예를 들어 전화를 걸 때 몇 초 동안은 번호를 기억하지만, 전화가 끝나자마자 잊어버린다. 이 짧은 동안에만 정보를 기억하는 능력을 말한다. 작업 기억의 용량은 매우 작다.

벼락치기 공부가 머릿속에 남지 않는 것은 당연하다!

04 왜 상상하지 못했던 꿈을 꾸는 걸까?

> 축적된 기억과 정보가 무작위로 튀어나오기 때문에

　　　　　　　　수면 패턴은 수면할 때 몸은 자고 있지만 뇌는 깨어 있는 '렘수면'과 뇌는 자고 있지만 감각기관과 근육이 연결된 상태인 '비렘수면(non-REM sleep)'으로 나뉘고, 수면 중에는 이 두 개가 한 세트로 약 90분 정도의 주기로 반복된다. 렘수면이란 자는 사람의 눈썹 안쪽에서 안구가 좌우로 움직이는 빠른눈운동(Rapid Eye Movement: REM)이 생기는 얕은 잠을 말한다.

　이때 뇌 속에서는 둘레계통의 해마나 편도체 등의 기억에 관계되는 부위가 활동하면서 정보의 정리나 통합, 기억의 정착과 같은 소위 뇌의 관리가 이루어진다.

　기억을 정리해서 신경세포 네트워크를 수정하는 작업은 뇌에서 굉장히 중요하지만, 낮에 하려면 뇌의 용량이 대단히 많이 필요하다. 그래서 진화의 과정에서 획득한 방법이 수면 중에 관리를 하는 렘수면이다. **한편 비렘수면은 대뇌겉질의 신경세포 활동이 떨어지고, 뇌 전체의 혈류도 저하하는 깊은 잠이다.** 뇌는 휴식상태이지만, 성장 호르몬의 분비는 이때 이루어진다. 꿈은 정보의 정리나 기억의 정착 등의 정보 처리에 수반되는 지금 까지의 경험이나 축적해온 기억 정보를 정리한 때에 그 과정을 뇌로 재현하고 있는 지각현상이라고 생각되고 있다.　해마와 같은 기억에 관련된 부분이 각성하고 있지만, 사고나 판단을 담당하는 이마앞구역은 잠들어 있어서 앞뒤가 맞지 않는 무작위 황당무계한 꿈을 꾸거나 한다.

　일반적으로 꿈은 렘수면 때 꾼다고 하지만, 비렘수면 때도 꾼다. 렘수면은 잠이 얕아서 아침에 일어난 후에도 생각이 잘 나지만, 비렘수면 때 꾼 꿈은 기억에 남지 않는다. 언뜻 보면 앞뒤가 맞지 않는 꿈이지만, 꿈을 꾸기 때문에 낮에 정상적인 의식으로 활동하는 건지도 모른다.

꿈을 꾸는 건 뇌의 정보 정리와 기억 정착의 재현
무작위인 이유는 뇌의 해마와 이마앞구역의 소행

무작위로 꿈을 꾸는 이유는?

렘수면 할 때 뇌의 상태
- 이마앞구역 : 휴식 중
- 두정엽 : 휴식 중
- 시상하부 : 활동적
- 시각 영역 : 활동적
- 편도체 : 활동적
- 해마 : 활동적

수면 중에는 해마나 편도체와 같이 기억과 관련된 부분이 각성하고 있지만, 판단하는 이마앞구역은 잠들어 있어서 해마에 저장된 기억이 무작위로 나타나면서 꿈을 꾼다.

꿈은 뇌를 관리할 때 재현

꿈은 수면 중에는 무의미한 정보를 버리거나 필요한 정보를 정착할 때 지각되는 현상.

렘수면과 비렘수면은 약 90분 주기로 반복된다

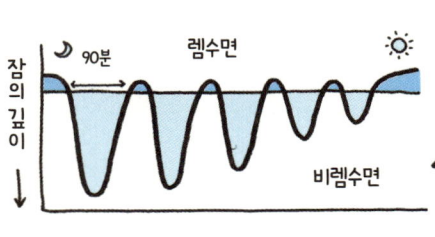

렘수면(얕은 잠)
- 기억에 관련된 두뇌 부위가 각성에 가까워진다.
- 몸은 쉬고 있지만, 눈동자는 자주 움직인다.

비렘수면(깊은 잠)
- 대뇌겉질은 잠들어 있다.
- 성장 호르몬을 분비한다.

공포감은 렘수면 중에 활성화하는 편도체의 소행이라고 간주한다.

수면 중에 보는 환각 '가위눌림'

의식은 선명한데, 몸이 움직이지 않거나 소리를 지르려고 해도 목소리가 나오지 않고, 가슴에 무거운 것이 누르고 있는 등의 현상을 '가위눌림(수면마비)'이라고 한다. 수면장애 중 하나로 수면 리듬이 무너져서 눈은 뜨고 있지만, 몸이 아직 일어나지 않은 상태의 수면 중에 보는 환각이다.

05 왜 사람만 언어를 사용하는 걸까?

> 목소리는 이족보행이 가져온 사람만이 가진 특별한 기능

말을 하기 위해서는 허파에서 보내진 공기가 성대를 진동시켜 혀와 입술을 사용해 공기를 입에서 밖으로 내뱉을 필요가 있다. **사람은 포유류 중에서 유일하게 입으로 호흡하는 동물이라서 말을 할 수 있는 것이다.**

사람이 목소리를 갖고, 언어를 획득할 수 있던 이유는 이족보행을 하게 된 덕분이다. **코로 들이마신 공기가 통하는 기도와 음식물이 지나가는 식도가 수직으로 늘어나서 직접 연결되었기 때문이라고 한다.** 다른 동물은 기도와 식도가 입체교차로 분리되어서 복잡한 단어를 말할 수 있을 만큼 입에서 공기를 내뱉지 못한다.

사람의 목소리는 성대를 진동시켜서 공기진동이 인두강에서 구강과 비강으로 들어가 공명·증폭되어 나오는데, 사람 목소리의 차이는 음성도관의 길이와 형태, 혀의 모양 등으로 결정된다. 자신의 목소리를 녹음해서 들어보고, 익숙한 자신의 목소리와 달라서 위화감을 느낀 적이 있을 테지만, 녹음한 목소리가 다른 사람이 듣는 당신의 진짜 목소리이다.

목소리를 듣는 방법은 두 가지가 있다. 하나는 '**기도음**'라고 해서 입에서 내뱉은 소리가 공기를 통해 양쪽 귀로 전달되어 들리는 소리이다. 다른 하나는 성대의 진동이 머리뼈를 울려서 전달되는 '**뼈전도음**'이다. 자신이 항상 듣는 목소리는 기도음과 뼈전도음이 합쳐진 소리이다. 한편 다른 사람이 듣는 목소리와 녹음해서 듣는 목소리는 기도음만 들린다. 즉, 이 차이가 위화감의 원인이다. **사람은 언어를 획득하면서 무리와 소통을 하고, 여러 가지 정보를 전달하는 수단을 갖게 되었다.** 그리고 현재와 같은 고도의 지식과 문화사회를 구축하는 기초가 된 것이다.

사람이 말을 할 수 있는 것은 이족보행의 선물!
식도와 코가 기도로 직접 연결되어 있고, 입으로 호흡할 수 있기 때문이다

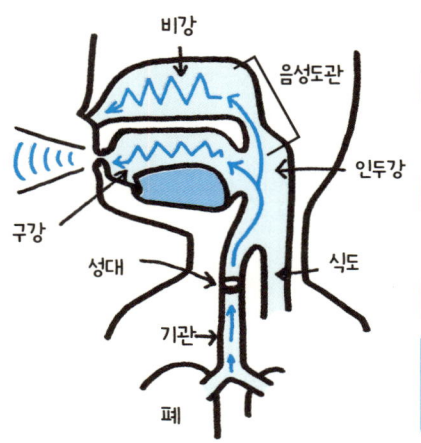

목소리가 나오는 구조

성대 폐에서 보내진 공기가 성대를 진동해서 버저와 같은 소리를 낸다.

↓

음성도관 인두강에서 구강, 비강을 통과하는 사이에 공명·증폭되어 주파수가 강해지면서 사람의 목소리가 된다.

↓

언어로 발성

사람에 따라 목소리가 다른 이유는
음성도관의 길이, 모양, 혀를 마는 방법, 치열 등의 차이가 고유의 목소리를 만든다.

성대가 소리를 내는 메커니즘

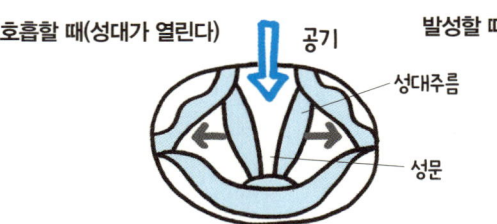

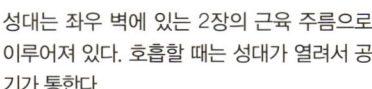

성대는 좌우 벽에 있는 2장의 근육 주름으로 이루어져 있다. 호흡할 때는 성대가 열려서 공기가 통한다.

발생할 때는 성대가 닫히고 공기가 성대에 부딪히는 진동으로 소리가 발생한다. 1초 동안에 몇 백 번이나 개폐운동을 한다.

돌고래의 울음 소리는 소통 시스템

돌고래는 특수한 울음 소리(고유의 소리)를 가지고 있어서 반향정위를 잡아 소리의 반향으로 자신의 위치를 인식하거나, 사람의 언어 구조에 상응하는 소통 시스템을 가지고 있어서 무리와 신호를 사용해 그룹을 만들 가능성이 있다. 그리고 새끼가 즐겁게 지르는 환성과 같은 울음 소리는 순수하게 기쁨의 감정을 나타내는 것이라고 한다.

06 첫눈에 반한다는 건 뇌의 착각!

> 뇌의 행복 호르몬이 판단력을 흐리게 만들었다

처음 본 순간 첫눈에 반했다… 는 말은 왠지 운명을 느끼면서 상대에 대한 감정도 단숨에 불타오르지만, **실제로 첫눈에 반한다는 건 뇌의 착각으로 일어난 현상이라고 한다.**

사람은 누구나 좋아하는 조건이 있는 게 당연한데, 자신이 원하는 조건에 하나라도 해당하는 이성을 보면 뇌가 '이 사람이 이상형'이라고 착각해서 자신의 취향이 아닌 다른 부분은 모른 척 해버린다고 한다.

이렇게 첫눈에 반한 경우는 여성보다 남성이 많다고 한다. 여성은 현실적인 사람이 많아서 상대의 내면과 가치관 등을 확인한 후에 상대를 좋아하게 되는 경우가 많은데, 남성은 겉모습을 중시하는 경향이 강하기 때문이라고 한다.

사랑을 하면 가슴이 두근거리기도 하는데, 이것은 뇌 속에서 PEA(페닐에틸아민)라는 신경전달물질이 분비되기 때문이다.

PEA는 뇌의 일부를 마비시켜 판단력을 둔하게 한다는 호르몬이다. 게다가 PEA 작용으로 두뇌에는 '행복 호르몬'인 도파민이 대량으로 분비되기 때문에 그 효과까지 더해져서 고양감이 더욱 높아진다. **이 PEA가 순간적으로 뇌 속에 퍼지면 행복감으로 충족되면서 뇌는 사랑으로 인식하게 되고 첫눈에 반했다는 착각을 하는 것이다.** 그러나 PEA나 도파민은 계속 분비되는 물질이 아니다.

PEA의 수명은 짧으면 3개월, 길어도 3년 정도라고 한다. PEA의 효력이 약해져서 냉정하게 상대를 보게 되어 관계가 식어버린 경험도 있을 것이다.

또한 연애감정과는 별도로 좋고 싫고의 감정도 뇌가 판단한다. 좋고 싫고의 기준은 사람에 따라 다르지만, 뇌의 편도체 등의 활동으로 생긴다고 한다.

첫눈에 반한다는 건 뇌의 착각
천연성분의 최음제 'PEA'가 뇌를 마비시킨다!

첫눈에 반했다!
남성은 본능적으로 사랑하기 때문에 여성보다 첫눈에 반하기 쉽다.

사랑에 빠진다는 것은?
PEA가 분비되고 뇌가 사랑이라고 착각해서 첫눈에 반하면서 사랑에 빠진다.

> **PEA는 뇌 속의 마약**
> 초콜릿에도 포함된 물질로 밸런타인데이에 주는 초콜릿은 '사랑의 묘약'이라고도 하므로 알칼로이드, 즉 마약의 일종으로 도파민과 같은 종류이다.

좋고 싫고의 감정은 편도체의 작용

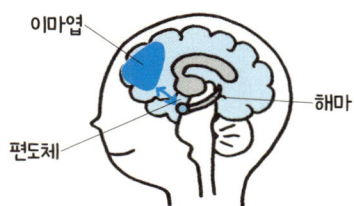

연애감정과는 별도로 좋고 싫고의 감정이 있다. 좋고 싫고의 감정은 해마에서 보낸 정보를 편도체가 받아서 판단. 편도체가 좋다고 판단하면 도파민이 방출되어 이마엽으로 전달된다. 싫을 때는 아드레날린이 분비되어 분노의 감정이 생긴다.

사랑은 3년이면 식는다!

PEA의 수명은 짧으면 3개월, 길어도 3년 정도라고 한다. 이것은 PEA와 같은 강력한 쾌감을 불러오는 물질이 계속 분비되면 두뇌의 수용체가 파괴되기 때문이다. 효력이 약해져서 관계가 식어버리는 경우도 있지만, 연애 호르몬이 감소한 후에는 애정 호르몬이 분비된다. 그래서 연인 관계에서 부부관계로 이어질 수 있는 것이다.

07 '운동신경'이 좋다는 건 어떻게 정해지는 걸까?

신경이 아닌, 운동 능력이 좋은지 나쁜지!

운동신경이란 우리가 몸을 움직이기 위해 두뇌에서 내린 명령을 몸의 각 부분으로 전달할 때 '정보의 통로'가 되는 말초신경을 말한다. 운동신경이 없으면 우리는 생각한 대로 몸을 움직일 수가 없어서 걷기도, 물건을 잡을 수도 없다. 운동신경의 작용 자체에는 좋고 나쁨이 없고, 뇌에서 근육으로 정보를 전달하는 '전도 속도'에도 개인차는 없다.

스포츠를 잘하고 못하고는 운동신경이 아닌, '어떤 동작을 생각대로 할 수 있는지 없는지'가 중요하다. 스포츠를 못하는 사람은 머리로는 알면서도 몸이 따라주지 않아서 생각대로 움직이지 못하는 사람이다.

반대로 운동신경이 좋은 사람은 더욱 복잡한 정보를 더욱 정확하게 뇌로 보내 정확한 판단을 해서 근육으로 명령을 내리면 근육이 정확하게 움직이는 사람을 말한다.

그리고 그것은 **연습을 축적하면 커버할 수 있다.** 처음에는 잘하지 못해도 연습을 꾸준히 하는 동안에 잘하게 되는 이유는 운동의 '착각'을 확인한 뇌의 운동영역에서 소뇌로 신호를 보내어 운동신경 회로를 수정하기 때문이다. 즉, 정확히 말하면 운동신경이 아닌 '운동 능력'이 좋은지 나쁜지가 중요하다.

신경계통의 발달은 환경의 영향을 받아서 20세를 100이라고 했을 경우 5세 정도에는 80%에 달한다고 한다. 그리고 5세~12세 정도까지는 어떻게 몸을 썼는지에 따라 그 사람의 운동 능력이 크게 달라진다.

그래서 운동 능력을 기르기 위해서는 특히 **황금기(골든 에이지)**[*]라 불리는 9세~12세에 적절한 운동을 하는 것이 중요하다.

---

[*] 황금기(골든 에이지): 인간의 일생 중에 가장 운동신경이 발달하는 시기로 아이들의 성장에 있어 매우 중요한 시기이다. 구체적으로 대략 9세~12세 정도를 가리킨다. - 역자 주

원래 운동신경이란 무엇일까?
대뇌에서 내린 명령을 전달할 때의 '정보의 통로'

운동신경의 구조
운동 명령은 대뇌에서 척수를 거쳐 근육으로(신경회로)

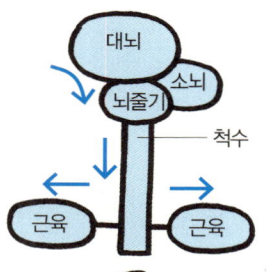

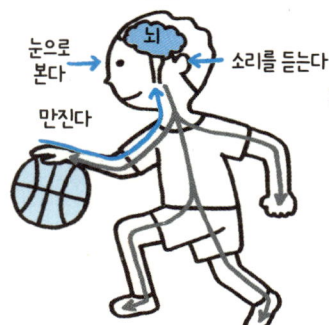

누구나 운동신경은 좋아질 수 있다!

운동신경의 회로를 정확하게 기억한다면 가능

운동신경 회로를 정확하게 기억하기 위해서는 반복 연습

연습을 반복하는 사이에 잘하게 되면 뇌가 신경 회로를 기억해서 반응한다. 예를 들면 날아온 공을 보고 어떤 근육을 움직이면 대응을 가장 잘할 수 있을지를 뇌가 기억해서 그 상황의 근육을 반복해서 움직이는 사이에 운동 능력이 향상된다.

운동치는 유전?
세계 톱 레벨인 선수는 부모의 영향이 강한 선수가 많다. 근육의 특징은 유전적인 요소가 있다고 한다. 그런데 운동치가 되는 이유는 어렸을 때 밖에서 노는 일이 적어서 운동할 기회가 적은 경우가 많다. 황금기에 적절한 운동으로 운동 능력을 향상시키는 게 중요하다.

08 '간지럼'은 정말 '약한 통증'일까?

> 서로 다른 신경이 전하는 다른 감각이지만….

예를 들어 손가락 같은 부위에 상처를 입으면, 몸의 피해를 지각하는 특별한 신경세포조직 '**침해 수용기**(nociceptor)'가 척수로 신호를 보낸다. 척수에서는 감각의 전도로로 전해져서 뇌의 대뇌겉질에 있는 '일차 체성 감각 피질(primary somasensory cortex)'이라 불리는 통증 신호를 처리하는 부위까지 운반된다. 그러면 뇌가 그 정보를 인식하고 비로소 '**아프다**'고 느끼게 되는 것이다. 그리고 통증을 느끼면 **몸에 어떤 이상이나 이변이 있다는 것을 자각해서 위험에서 멀어지는 등 방위 명령을 내린다.**

비슷하게 몸의 이변을 알리는 사인으로 여겨지는 것이 '**간지럼**'이 있다. 간지럼은 피부의 표면이 외부로부터 자극을 받거나 알레르기 반응으로 '**히스타민**'과 같이 간지럼을 일으키는 물질이 체내에서 방출되면, 신경섬유의 말단 부분이 자극을 받아서 정보를 뇌로 전달하면 뇌가 '간지럼'으로 인식한다.

통증과 간지럼에는 몇 가지 공통점이 있다 보니 둘 다 같은 '통각신경'을 통해서 느끼는 증상으로 '**간지럼은 통각신경이 느끼는 약한 통증**'으로 여겨졌다. 그러나 위장과 같은 내장에서도 통증을 느껴도 간지럼을 느끼지는 않기 때문에 **간지럼과 통증은 서로 다른 신경에 의해 전달된다는 것이 밝혀졌다.**

간지럼을 전달하는 신경은 'C섬유'라 불리는 가늘고 정보를 전달하는 전도 속도가 느린 신경으로, 전달 속도가 빠른 'A섬유'의 일부도 간지럼의 전달에 관여한다.

이와 같은 간지럼과 통증은 간지럼을 일으키는 '**히스타민**'이 통각에도 반응하거나 반대로 통각을 자극하는 캡사이신의 영향이 간지럼에도 나타나는 등 현재도 통증과 간지럼에는 복잡하게 얽힌 어떤 관계가 있다고 여겨진다.

> 통증과 간지럼은 서로 다른 신경에 의해 뇌로 전달된다
> 하지만 통증과 간지럼은 몸의 이상을 알리는 신호

통증의 구조

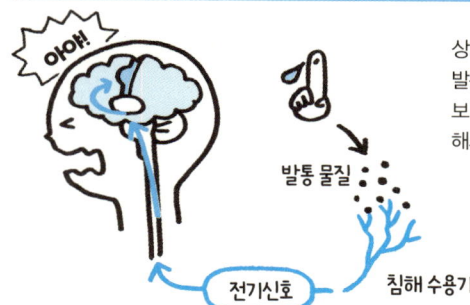

상처를 입으면 신경세포조직 '침해 수용기'가 발통 물질을 느껴서 척수로 통증 자극 신호를 보낸다. 척수를 통해서 뇌가 그 정보를 인식해서 통증을 느낀다.

간지럼의 구조

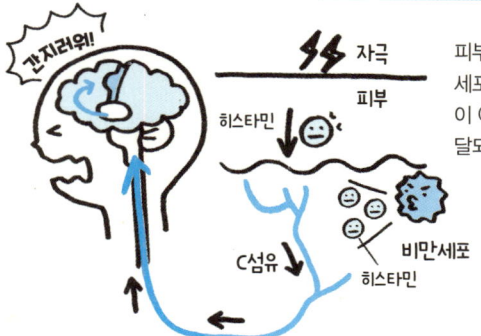

피부 표면의 자극이나 피부에 존재하는 비만세포에서 분비되는 간지럼 성분인 히스타민이 C섬유라 불리는 지각신경을 거쳐 뇌로 전달되어 간지럼을 느낀다.

간지러울 때 웃는 것은 자율신경의 과잉 반응

'간지럽다'도 위험하다는 신호?

간지럼을 느끼는 몸의 부위는 귀 주변, 목덜미, 겨드랑이, 발등이나 발바닥 등, 동맥이 피부에서 가까운 부분을 지나가는 '위험 부위'에 있다. 근처에는 자율신경도 밀집해 있어서 외부의 자극에 민감한 장소이다. 본래 소뇌가 이런 감각의 제어기능을 하지만, 타인이 간지럽히면 예측하지 못했던 뇌가 혼란스러워지고 그 불쾌한 감각이 겹치면서 '간지럽다'고 느끼게 된다.

09 왜 나이가 들면 건망증이 생기는 걸까?

나이가 들어 생기는 건망증과 치매는 다르다!

나이가 들면 깜빡깜빡하는 일이 잦거나 새로운 것을 기억하는 데도 시간이 걸리게 된다. 건망증이 심해지면 혹시 '치매(인지증)'가 아닐까 하고 불안해지지만, 나이가 들어 생기는 건망증은 누구에게나 나타나는 현상으로 건망증=치매는 아니다.

원래 **치매란 뇌세포의 손상과 활동 저하로 생기는 다양한 장애가 원인으로 일상생활이나 사회생활이 곤란해지는 상태를 총칭한다.**

가장 큰 원인은 뇌의 신경세포 주변에 '**베타 아밀로이드**'라는 단백질이 축적되는 '**알츠하이머 치매**'가 유명한데, 그 밖에도 뇌혈관 치매나 루이소체 치매, 이마관자엽 치매 등이 있다. 또한 만성경막하혈종이나 감상샘 기능 저하증 등이 치매 증상을 보이기도 하는데, 이러한 증상은 모두 뇌 속으로 흐르는 혈류 저하가 원인이라고 한다. 치매에 걸리면 건망증만이 아닌, 판단력이나 이해력의 저하, 시간이나 장소, 사람에 대한 인식장애가 생기는 방향 감각장애(견당식인식장애), 지금까지 해오던 일을 하지 못하게 되는 실행기능장애 등 여러 증상이 나타난다.

나이가 들어 생기는 건망증과 치매의 가장 큰 차이는 '건망증 자체를 자각하는지 아닌지'이다. 예를 들어 나이가 들어 생기는 건망증의 경우에는 자신이 깜빡깜빡한다는 것을 자각하고 걱정하지만, 치매의 경우에는 잊어버린 사실 자체를 자각하지 못한다. 또한 나이가 들어 생기는 건망증은 힌트가 있으면 생각이 나기도 하지만, 치매는 체험한 일 자체를 잊어버려서 힌트가 있어도 생각해내지 못하는 게 특징이다.

건망증과 치매의 차이는 뭘까?
나이가 들어 생긴 건망증과 인지 기능장애인 치매

건망증과 치매의 차이를 비교해보면

나이가 들어 생기는 건망증
- 깜빡한 일을 자각한다.
- 체험한 일 일부를 잊어버린다.
- 생활에는 지장이 없다.
- 인격은 변하지 않는다.

치매로 인한 건망증
- 깜빡한 일에 대한 자각이 없다.
- 체험한 일 자체를 잊어버린다.
- 생활에 지장이 생긴다.
- 인격이 변하기도 한다.

가장 흔한 알츠하이머 치매

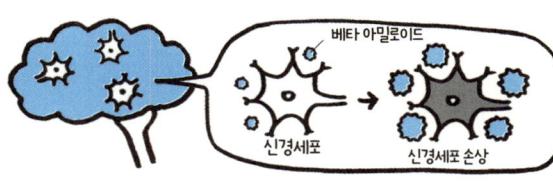

치매의 거의 반은 알츠하이머 치매이고, 그 밖에 루이소체 치매, 뇌혈관 치매 등이 있다.

알츠하이머 치매 뇌가 조금씩 위축되면서 인지 기능이 저하된다. 베타 아밀로이드 단백질이 뇌 속에 쌓이면서 신경세포가 손상되어 신경전달물질이 감소된다. 뇌 전체가 축소되면서 발생한다.

이럴 때는 치매 초기 증상

식사한 것을 잊어버리고 밥을 주지 않았다고 착각한다. 마트에 갔는데 사야 할 품목을 잊어버리는 등. 이와 같은 현상은 치매로 인해 발생하는 인지 기능 장애로 '중핵 증상'이라고 한다.

COLUMN

AI가 인류를 지배하는 세상이 정말 올까?

지금까지는 인간만 가능하다고 여겨지던 인식이나 추론, 언어운용, 창조와 같은 지적인 행위를 하는 것이 바로 인공지능(AI=Artificial Intelligence)이다. 인간과 인공지능의 대결에서 이미 체스나 장기, 바둑 등의 게임에서 AI가 인간 챔피언을 깨고 승리했지만, 앞으로 정말 AI가 영화에서처럼 스스로 의지를 갖고, 인간을 능가하는 날이 올까?

미국 AI 연구의 세계적 권위자인 레이 커즈와일은 자신의 저서인 『The Singularity Is Near: When Humans Transcend Biology』에서 AI가 자신을 규정하는 프로그램을 자신이 개량하게 되면 영속적으로 지수관계와 비슷한 속도로 증가하면서 진화를 거듭하고, 그 결과 어느 시점에서는 전 인류 지성의 총화를 뛰어넘을 것으로 예측한다.

이 미래예측의 개념을 '싱귤래리티(기술적 특이점=Technological Singularity)'라 하고, 이 기점이 2045년으로 이후의 발명은 전부 AI가 책임지게 되면서 인간은 그 진보를 예측하는 일조차 불가능해질 거라고 예언한다.

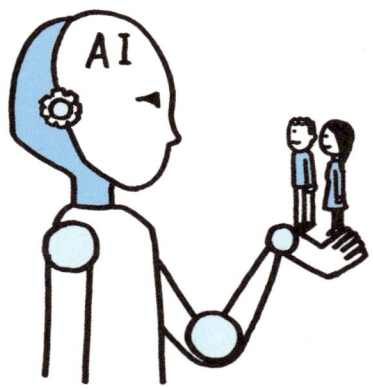

제 2 장

음식물의 소화·흡수·배설
소화기와 비뇨기의 신비

10 타액과 침은 같은 것일까?

전부 입안에서 분비된 동일한 소화액

타액, 침은 입안에서 분비되는 소화액으로 같은 말이다. 일반적으로 입안에서 만들어진 타액의 구어 표현을 '침'이라고 한다. **타액은 99% 이상이 수분으로 나머지 약 1%가 전분을 분해하는 효소인 아밀라아제가 혼합된 소화액이다.**

음식물과 섞여서 씹거나 삼키기 쉽게 하거나 세균 번식을 막는 항균 작용, 점막의 보호, 구강 내 청소, 게다가 대화나 식사를 부드럽게 하는 기능 등 중요한 기능을 가진 성분이 포함되어 있다.

강한 산성으로부터 치아를 지켜주는 역할도 그중 하나이다. 치아 표면의 에나멜층은 산성에 닿으면 녹아버리는 성질이 있다. 즉 강한 산미 음식물에는 독성이 강한 것이 많기 때문에 독을 타액으로 씻어버리려는 방어 본능이다. 그래서 매실짱아찌나 레몬 등 산성 음식물이 입안으로 들어오면, 산 성분을 약하게 하는 목적도 있어서 타액이 평소보다 많이 분비된다고 한다. 게다가 **신 음식을 보기만 해도 입안에 타액이 퍼지는데, 이것은 뇌가 신맛을 느낀 경험이 있어서 조건반사적으로 타액을 분비하기 때문이다.**

타액은 귀밑샘, 턱밑샘, 혀밑샘 등과 점막에 존재하는 소타액샘에서 성인은 하루에 약 1~1.5L 정도가 분비되지만, 분비량은 노화와 더불어 줄어들고 그밖에 불규칙한 생활이나 스트레스, 당뇨약의 부작용 등으로 인해서 감소하기도 한다. 입을 열고 깜빡 졸았을 때 종종 침을 흘리는데, 그 이유는 입으로 호흡하기 때문이다. 입안의 건조를 막기 위해서 타액이 대량으로 분비되면서 침으로 나온 결과인데, **구강호흡은 여러 가지 병을 유발할 위험이 높으므로 코호흡을 의식하자.**

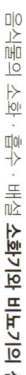

> ## 침은 타액의 구어 표현
> ### 입안에서 분비된 소화액!

무의식적으로 흐르는 타액

- 타액의 성분은 99%가 수분으로 거의 무취에 가깝다.
- 냄새의 원인은 입안의 세균, 염기성 균, 음식물 찌꺼기 등

의식적으로 밖으로 내뱉는 타액

타액에는 굉장한 능력이 있다!

타액은 주로 귀밑샘, 턱밑샘, 혀밑샘이라는 세 개의 큰 타액선에서 하루에 1~1.5L 정도 분비된다.

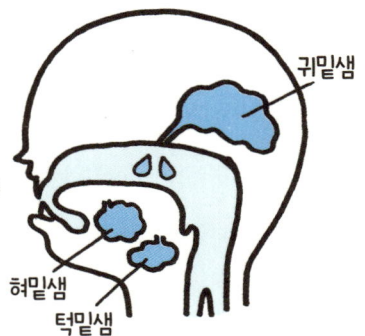

정화 작용
구강 내 세균이나 음식물 찌꺼기 등을 씻어낸다.

항균 작용
입안의 잡균 번식을 막는다.

완충 작용
산성으로 치우친 환경을 중성으로 만든다.

소화 작용
소화효소가 음식물을 분해해서 장으로 흡수하기 쉽게 만든다.

재석회화
치아 표면의 에나멜층을 복원해서 충치를 막는다.

점막 보호 작용
점막을 촉촉하게 해서 손상을 막는다.

파블로프의 개

신 음식을 보기만 해도 타액이 나오는 이유는 조건반사
뇌가 시다고 느낀 경험을 기억하고 있어서 신 음식을 보기만 해도 조건반사적으로 타액이 나온다. 개에게 먹이를 줄 때마다 벨을 울리면 먹이 없이 벨을 울리기만 해도 침을 흘리는 '파블로프의 개' 실험이 유명하다.

11 '디저트 배 따로'는 정말일까?

수축이 자유로운 위는 최대 약 15배나 늘어난다?!

위는 굉장히 수축성이 큰 기관이다. 성인의 경우에는 **공복 중에 아무것도 들어 있지 않았을 때의 용량은 약 100㎖로 야구공 정도의 크기지만, 가득 찼을 때에는 크게 부풀어서 최대 1.5L 정도의 음식물을 축적할 수 있고, 꾹꾹 집어넣으면 더 팽창한다고 한다.** 위의 중요한 역할은 운반된 음식물을 일시적으로 저장해서 죽처럼 부드러운 상태로 소화해 조금씩 소장으로 보내는 일이다.

위는 가슴과 배의 경계에 있는 가로막보다 오른쪽 아래에 위치한다. **가로막 바로 아래에 있는 기관은 간뿐이기 때문에 위는 남은 공간을 활용해서 자유자재로 늘어났다가 줄어들 수 있는 것이다.**

'디저트 배 따로'라는 말이 있다. 보통 배가 부르면 뇌의 시상하부에 있는 만복중추가 이제 충분하다는 신호를 보내서 먹기를 멈추게 한다. 그러나 인간은 좋아하는 음식을 눈앞에 두면 '먹고 싶다'는 생각이 강해져서 **'오렉신'**이라는 뇌 속 호르몬이 분비되어 위의 근육을 느슨해지게 한다. 예를 들어 배가 불러도 위 속에 새로운 음식물이 들어갈 수 있는 공간을 만든다. 배의 70% 정도만 채우는 게 장수의 비결이라 하는 오늘날에도, 과식을 하지 않도록 주의해야 한다. 아직 먹을 수 있어도 조금 부족한 상태에서 숟가락을 내려놓자.

그런데 한번에 10㎏ 이상의 음식물을 깨끗하게 먹어 치우는 푸드 파이터의 위는 우리 위와 어떻게 다를까? **그들은 훈련을 통해 위의 유연성을 길러서 허용량을 조금씩 늘렸기 때문에 본래의 용량 자체는 보통 사람과 별반 다르지 않다.**

위는 대부분이 근육으로 이루어져 있기 때문에 훈련으로 단련하는 것은 효과적인 방법이라고 한다. 그러나 위험도 따르므로 장난삼아 흉내 내지 않도록 한다.

위는 얼마나 늘어날까?
수축성이 커서 최대 15배 정도까지 늘어난다!

식전

100㎖
야구공 정도의 크기

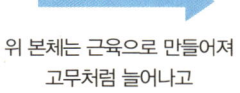

위 본체는 근육으로 만들어져 고무처럼 늘어나고 줄어들 수 있다.

식후

1,500㎖
1.5L인 페트병과 비슷한 크기

'디저트 배 따로'는 뇌의 소행이라는 설

오렉신

먹었다

디저트를 본다
뇌 속 호르몬인 '오렉신'이 분비

위의 근육을 느슨하게 해서 소장으로 위의 내용물을 보내고, 꽉 찬 위에 새로운 공간을 만든다.

푸드 파이터로 활약하는 사람은 대량의 물을 마시는 등 훈련을 통해 위를 크게 키운다고 한다.

대식가의 위는 보통 사람과 별반 다르지 않다
대식가는 내장의 위치가 위가 팽창해도 방해를 받지 않고, 위의 연동 운동이 활발해서 음식물이 위에서 장으로 쿵 하고 옮겨져서 영양이 흡수되기 어려운데다 만복감을 얻지 못하는 등 선천적인 신체적 특성이 있다고 보이지만, 원래의 용량 자체는 보통 사람과 다르지 않다.

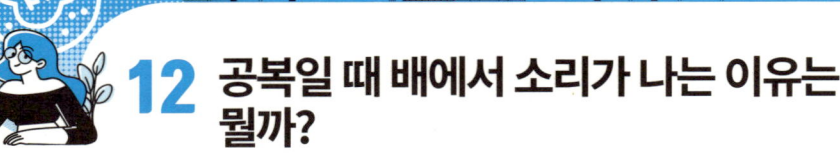

12 공복일 때 배에서 소리가 나는 이유는 뭘까?

위와 장이 건강하게 움직이고 있다는 증거!

배가 고프면 '꼬르륵'하고 나는 소리를 '복명(腹鳴)'이라고 한다. 위 속에 음식물이 들어가면, 입구인 들문에서 출구인 날문으로 향해 위가 파도치듯이 움직이는 연동운동이 일어난다. 연동운동으로 뒤섞인 음식물은 위액 속에 있는 펩신에 의해 단백질이 분해되면서 죽 상태가 되어 십이지장(샘창자)으로 보내진다. 그리고 위가 비면 십이지장에서 모틸린이 분비되어 '**공복기 수축**'이라 불리는 강한 수축 운동이 시작된다.

이 수축이 하나의 원인으로 **위 속에 남아 있는 소량의 음식물 찌꺼기 등도 십이지장으로 이동하는데, 이때 위장 속의 공기가 압박을 받아서 '꼬르륵'하는 소리가 나는 것이다**. 다른 사람에게 들리면 민망하지만, **배에서 소리가 나는 것은 위장이 활발하게 움직인다는 증거이고, 위장이 건강하다는 증거**로 위나 소장에 남아 있는 음식물 찌꺼기를 깨끗이 비워내는 소화기관의 청소 효과가 있다.

오히려 간식이나 잠자리에 들기 전 식사로 위가 쉴 틈이 없어서 공복을 느끼지 못하면, 고혈압이나 당뇨병에 걸릴 위험이 커지므로 주의할 필요가 있다. 원래 우리는 위가 비어서 공복을 느끼는 게 아니다. 격한 운동 후에 혈액 내 혈당치가 떨어지면 대신 몸에 축적해둔 지방을 분해해서 에너지를 만드는데, 이때 생기는 유리지방산이 늘어나서 에너지 부족=공복감이라는 하나의 원인으로 인식되고, 새로운 에너지 보급을 재촉하게 된다.

또한 **'기아 수축'이라 하는 음식물이 위에서 장으로 보내질 때 가스가 발생하거나 긴장이나 스트레스로 위나 장이 자극받아서 배에서 소리가 나는 경우도 있다**. 설사로 배가 아프면서 배꼽 근처가 부글부글하는 이유는 소화나 영양소의 흡수가 끝난 음식물을 바로 밖으로 배출하려고 소장이나 대장이 격하게 움직이는 소리일 때도 있다.

배에서 소리가 나는 건 왜일까?
위장이 활성화되어 건강하게 일하고 있다는 증거

위장의 수축으로 음식물 찌꺼기를 청소하고 있는 거예요!

나 건강해요!

꼬르륵~~~

배에서 소리가 나는 구조

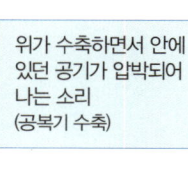

위가 수축하면서 안에 있던 공기가 압박되어 나는 소리
(공복기 수축)

수축

꼬르륵~~

공기

음식물 찌꺼기

우르르

장내세균으로 발생하는 가스로 인해 위가 자극되어 나는 소리
(기아 수축)

*배가 아플 때 우르르 소리가 나는 이유는 수축이 끝난 음식물을 빨리 밖으로 내보내려는 상태

복통과 설사를 반복 '과민성대장증후군'

과민성대장증후군이란 딱히 소화기의 질환도 없는데, 스트레스로 복통이나 복부 팽만감을 일으키며 배변 활동에 이상이 생기는 심신증 중 하나. 통근 전철에서 갑자기 설사할 것 같은 복통이 엄습해서 화장실로 뛰어 들어가는 증상이 대표적인 예.

13 식후 속이 쓰린 건 어떤 증상일까?

> 위액과 위산의 역류로 점막을 자극해서 생기는 통증

폭음폭식을 하거나 기름진 음식을 먹었을 때 명치부터 가슴 주변까지 식도가 찌릿찌릿하면서 타는 듯한 통증과 위화감을 느낄 때가 있는데, 이것이 '**속쓰림**' 증상이다.

이 증상은 위 입구에 있는 분문의 '**아래식도조임근**'이 열려서 음식 덩이와 함께 위액과 위산이 역류하면서 식도 등의 점막의 자극이 원인이다.

위는 원래 음식물이 들어가면 분문이 닫혀서 역류를 막는 구조이다. 그런데 과식을 해서 소화하는 데 시간이 걸리면 위 속에서 정체 현상이 생긴다.

그때 아래식도조임근이 느슨해지면 음식이 역류해서 '속쓰림' 증상을 일으킨다. 이와 같은 증상을 '**위식도 역류질환**(GERD)'이라고 한다. GERD에는 식도 점막에 미란이나 궤양이 보이는 것과 보이지 않는 것이 있다. 내시경 검사로 이상한 병변이 보이지 않는 것을 '**역류성식도염**'이라고 하는데, 고령자나 비만한 사람한테 많이 나타난다.

한편 식도 점막에 병변이 보이는 것을 '비미란성 위식도 역류질환(NERD: Nonerosive Reflux Disease)'이라고 하는데, 이것은 비교적 젊고 마른 여성한테 많이 나타난다.

GERD는 비만이나 임신, 변비 등으로 항상 내장에 압력이 가해지는 경우에 걸리기 쉽고, 공복이나 한밤중의 속쓰림이 특징적인 증상이다. 목의 위화감, 목이 쉬거나 속쓰림, 기침 등 식도가 아닌 곳에서도 증상이 나타난다.

또한 식도의 점막은 위 점막과는 달라서 위산의 자극으로부터 몸을 지키는 구조가 아니기 때문에 역류성식도염이 반복되면 '**바렛식도**' 증상이 나타나면서 식도에 암이 생기는 바렛식도선암이 될 가능성도 있다.

속쓰림은 이런 증상이 나타난다!
과식, 과음, 기름진 음식에 주의!

- 답답하다
- 신물이 올라온다
- 목 안에 따끔거리는 느낌이 있다
- 가슴이 아프다
- 식후 기분이 메슥거린다
- 목 안의 이물감이 사라지지 않는다

답답해

속쓰림이 일어나는 구조

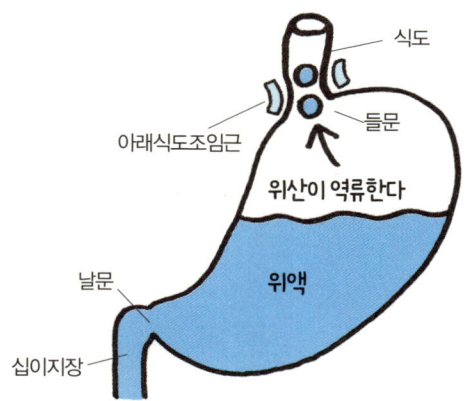

식도 / 아래식도조임근 / 들문 / 위산이 역류한다 / 날문 / 위액 / 십이지장

속쓰림
과식이나 기름진 음식을 먹었을 때 위의 아래식도조임근이 느슨해지거나 위압이 상승하거나 해서 위의 내용물과 위산이 역류해서 발생하는 증상이다.

내시경 검사로 식도 점막에 이상 병변(미란·궤양) 등이 나타나는 것을 '역류성 식도염'이라고 한다.

'위식도 역류질환'을 방지하려면 이런 생활 습관은 그만두자!
- 과식, 기름진 음식은 주의
- 과음, 담배
- 구부린 자세
- 허리를 벨트로 꽉 조이는 습관
- 스트레스

역류 예방을 위해서는 식후 바로 눕지 않는다.

14 장이 '제2의 뇌'라는 건 무슨 뜻일까?

> **뇌와 장은 연동하는 특수한 관계**

장은 타액이나 위에서 분해되지 못한 지방을 분해하고, 소장 내측에 있는 융모라 불리는 주름을 통해 체내로 영양소를 흡수해서 대장으로 수분을 흡수하고 유해한 물질과 함께 대변으로 배설하는 기관이다.

장에는 뇌 다음으로 많은 신경세포가 존재한다고 하는데, '장신경계'라 불리는 독자적인 신경계가 있고, 그래서 **뇌에서 내리는 명령이 없어도 독립해서 기능할 수 있기 때문에 '제2의 뇌'라고 불린다**. 그러나 뇌와의 관계도 밀접해서 뇌에서 스트레스를 느끼면 배가 아프거나, 거꾸로 장이 예민해서 불면증이나 불안감, 우울증을 일으키는 '**뇌장상관**'이 나타난다.

또한 **행복 호르몬이라 불리는 신경전달물질인 '세로토닌'은 약 90%가 장내에서 만들어지고, 감정도 장내 환경으로 결정된다 해도 과언이 아니다**. 장에는 체내 면역세포의 약 60%가 존재하는 등 최고의 면역기관이기도 하다. 특히 장에는 **약 100종류, 약 100조 개의 세균이 존재한다고 하고, 같은 종류마다 집합체를 만들어 '장내세균총'을 형성한다**. 이것은 '**장내 플로라**'라 불린다. 장내세균은 그 역할에 따라 알기 쉽게 '**유익균**'과 '**유해균**', 그리고 양쪽 역할이 있는 '**중간균**' 세 종류로 나눌 수 있다.

균의 균형은 나이나 식생활, 몸의 상태와 같은 다양한 요인으로 나날이 변하는데, **건강한 사람이라면 유익균 20%, 유해균 10%, 중간균 70%의 비율로 이루어져 있다**. 그러나 유익균으로 유명한 비피더스균은 60세가 넘으면 급격하게 감소해서 고령화와 더불어 장내환경이 악화한다.

장내 균형이 무너지면 변비나 설사, 알레르기, 만성피로 등 여러 가지 나쁜 영향이 나타나므로 적극적으로 장내 플로라를 조절해야 한다.

장이 제2의 뇌라고 하는 이유!
장은 독립된 기능을 하면서 뇌와도 깊은 관계가 있다

장에서 뇌로
장내 환경이 변하면 불안해지거나 편해진다.

뇌에서 장으로
스트레스로 인해 장의 활동이 달라지고 변비나 설사를 하게 된다.

뇌장상관이란
뇌와 장이 자율신경이나 호르몬을 통해 서로 밀접한 영향을 주고받는 관계

장은 제2의 뇌라 불릴 만큼 굉장한 능력

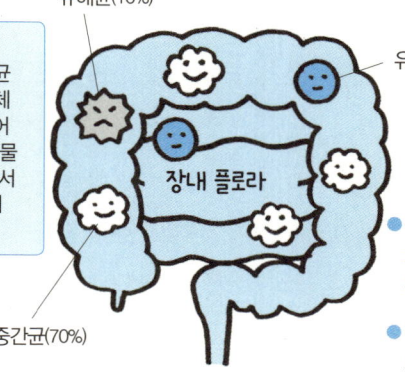

장내 플로라
장에 서식하는 세균은 균종마다 집합체를 이루어 달라붙어 있다. 그 상태가 식물군(flora)처럼 보여서 플로라라는 이름이 붙었다.

- 유해균(10%)
- 유익균(20%)
- 중간균(70%)

- 뇌 속 물질이라 불리는 행복 호르몬 '세로토닌'의 약 90%는 장에서 만들어진다.
- 장에는 체내 약 60%의 면역 세포가 존재하고, 외부 병원균의 침입에 대비한다.

장에 좋은 식품

발효식품 유익균을 늘린다.

낫토 · 치즈 등

식물섬유 · 올리고당 유익균의 먹이가 된다.

시금치 · 톳 등

양파, 바나나 등

* 당질을 함유한 식품의 일종이라서 지나친 섭취는 주의한다.

15 방귀와 트림 중 냄새가 더 심한 쪽은?!

방귀 냄새의 근본 원인은 내장 환경에 있다

'방귀나 트림은 장소를 가리지 않는다'는 말처럼 나오지 않았으면 할 때 꼭 나와 버리는 **'방귀'와 '트림'은 같은 공기로 이루어진 소위 형제 관계이다.**

들숨 때 들이마시는 공기는 기관을 통해서 허파로 들어가는데, 방귀와 트림의 본래 정체는 음식물과 같이 섭취한 공기이다.

우리는 식사를 하거나 타액을 삼킬 때, 또는 수다를 떨 때 자신도 모르는 사이에 공기도 같이 마신다. 그 밖에도 맥주나 탄산음료를 마실 때 발생한 이산화탄소 등의 가스는 위의 상부에 있는 '위저부'에 쌓인다. 이것이 가득 차서 **일정량을 넘어 압력이 높아지면, 위가 편안해지려고 들문을 여는데 이때 역류해서 입으로 나오는 것이 트림이다.**

한편 남은 공기는 음식물의 가스와 함께 장으로 이동해서 항문을 통해 방귀로 나온다. 공기의 성분은 질소와 산소, 이산화탄소 등인데, 그렇다면 공기는 냄새가 없는데 방귀는 왜 냄새가 나는 것일까?

그 이유는 **장내세균이 대장으로 운반된 음식물 찌꺼기를 분해해서 영양분을 흡수한 후 배출하는 황화수소 등의 가스가 냄새 때문이다. 그래서 방귀 냄새는 그 사람이 먹은 음식에 따라 달라진다.**

육류나 치즈, 달걀과 같은 동물성 식품이나 마늘 등의 냄새가 지독한 식품에서는 냄새가 나는 가스가 발생하고, 고구마나 양배추와 같은 섬유질이 많은 채소에서 나오는 가스에서는 별로 냄새가 안 난다. 냄새의 원인은 장내 환경에 있다.

일반적으로 건강한 사람은 하루에 평균 대여섯 번은 방귀를 뀐다고 한다. 방귀를 참으면 건강을 해칠 수도 있으니 억지로 참지 않도록 하자.

방귀와 트림의 근본 정체는 같은 성분!
음식물과 같이 섭취한 공기였다

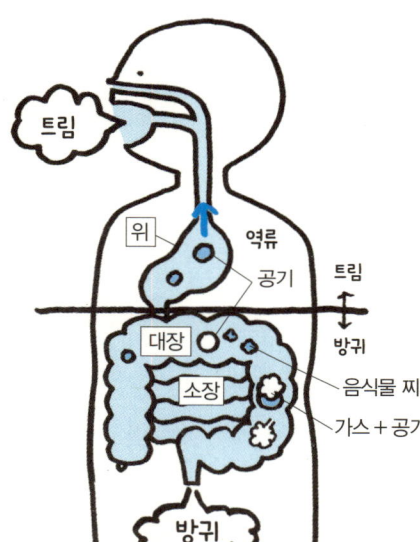

방귀와 트림이 나오는 구조

트림
공기나 이산화탄소와 같은 가스가 위 상부에 쌓이다가 일정량을 넘어서 압력이 높아지면 위의 분문이 열리고 역류해서 입으로 나온다.

방귀
장으로 운반된 공기와 음식물 찌꺼기를 장내 세균이 분해해서 영양분을 흡수한 후 배출하는 황화수소 등의 가스가 항문으로 나온다.

방귀 냄새의 원인은 장내 환경에 있다

유익균이 분해한 음식물의 경우 냄새가 적은 가스라서 냄새가 나지 않는다.

유해균이 분해한 음식물의 경우 암모니아, 황화수소 등이 들어 있어서 냄새나는 가스가 된다.

방귀를 참으면 입으로 나온다?

방귀 성분의 일부는 체내에 흡수되어 혈액으로 들어가 온몸을 순환하거나 소변에 용해되거나 허파를 경유해서 날숨과 함께 밖으로 나오기도 해서 다소 냄새가 나기도 한다. 그러나 방귀가 입으로 나오지는 않기 때문에 되도록 참지 않는 편이 몸에는 좋다고 한다.

16 술이 강한 사람과 약한 사람은 뭐가 다를까?

알코올 분해가 잘 되는지 아닌지는 유전!

술을 마시면 취하는 이유는 체내에서 알코올이 대사되는 과정에서 생기는 '**아세트 알데하이드**'라는 물질 때문이다. 체내로 들어온 알코올은 위와 소장에서 흡수되어 간으로 보내진다. 간에서는 먼저 아세트 알데하이드로 분해되고 다시 트라이클로로아세트산으로 바뀌어 혈액에 섞여서 온몸을 순환한 후 마지막에는 이산화탄소와 물로 분해되어 땀이나 소변, 날숨의 형태로 체외로 배출된다.

아세트 알데하이드의 분해에 필요한 '**알데하이드탈수소효소**(ALDH)'에는 활성형과 저활성·불활성형이 있고, 술이 약한 사람은 ALDH의 활성이 선천적으로 약하거나(저활성), 결여(불활성)되어서 아세트 알데하이드가 잘 분해되지 않는다. 그래서 맥주 한 잔 정도만 마셔도 얼굴이 빨개지거나 메슥거림, 두통, 졸음과 같은 '섬광 반응'을 일으킨다.

동양인들은 약 40%가 저활성형, 약 4%가 불활성형이라고 하니 반 정도가 '술이 약한' 사람이다. 저활성 타입은 유전이기 때문에 부모가 술이 약하다면 무리하지 않는 선에서 친하게 지내는 게 중요하다.

알코올을 마시고 기분이 좋아지는 이유는 음주는 뇌 속의 신경물질인 '도파민'의 분비를 촉진하기 때문이다. 또한 스트레스를 억제하는 '세로토닌'의 분비도 촉진하여 몸과 마음의 스트레스를 해소하는 기능도 있다.

또한 매일 적당량의 술을 마시는 사람은 전혀 마시지 않는 사람이나 가끔 마시는 사람보다 심근경색과 같은 순환기질환의 사망률이 적다는 데이터도 있는데, 술과 관련된 지식을 잘 알고 즐겁게 마시는 게 중요하다.

술이 강한 사람과 약한 사람의 차이는?
뒤끝이 안 좋은 술의 유해 물질을 분해하는 효소가 약한지 강한지!

술이 약한 사람은…
술을 마셨을 때 발생하는 독성이 강한 아세트 알데하이드를 분해하는 효소(ALDH)의 대사 기능이 약하다. 이런 효소의 형태는 유전된다.

알코올 분해의 구조

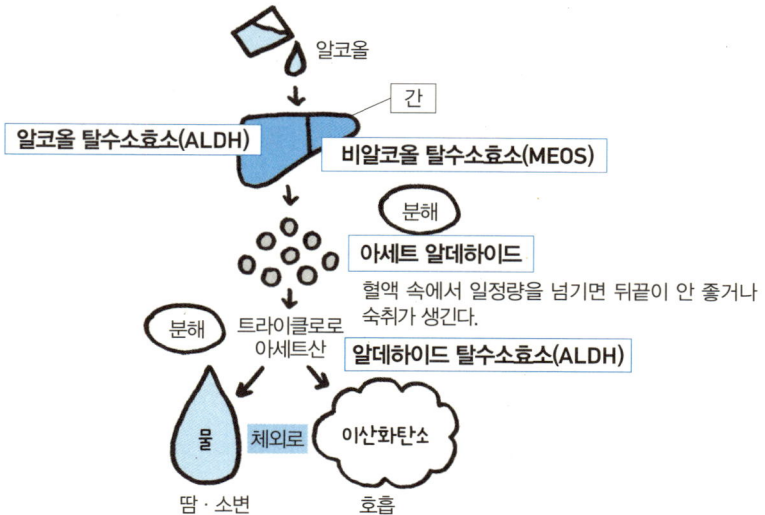

- 알코올
- 간
- 알코올 탈수소효소(ALDH)
- 비알코올 탈수소효소(MEOS)
- 분해
- 아세트 알데하이드
  - 혈액 속에서 일정량을 넘기면 뒤끝이 안 좋거나 숙취가 생긴다.
- 분해
- 트라이클로로아세트산
- 알데하이드 탈수소효소(ALDH)
- 물 (체외로) — 땀·소변
- 이산화탄소 — 호흡

술은 훈련으로 강해질까?
술이 약한 사람은 선천적이다. 훈련은커녕 무리해서 마시는 건 금지. 조금 마시던 사람이 주량이 느는 이유는 뇌에서 알코올에 대한 감수성이 둔해진 탓이라고 보인다. 습관이 되면 알코올 의존증이 될 위험이 있으므로 주의해야 한다.

사케의 하루 적당량은 약 한 잔

17 식후나 갑작스러운 운동으로 배가 아픈 이유는 뭘까?

여러 가지 설이 있지만, '복막 자극설'이 유력

갑자기 달리기 시작하거나 식후 바로 운동하다가 배가 아파서 고생한 적이 있을 것이다. 이 통증은 영어로 '**스티치**(Stitch)'라고 표현하는데 자수·편물·재봉 등의 한바늘을 의미한다.

그 원인으로 다양한 설이 있는데, '**비장 수축**'도 그중 하나이다. 비장(지라)은 면역이나 조혈, 혈액의 저장을 담당한다. 격한 운동을 하면 근육에는 많은 산소가 필요하기 때문에 전체적으로 혈액량이 부족해진다. 그때 **안에 축적했던 혈액을 내보내기 위해서 비장이 갑자기 수축해서 왼쪽 옆구리에 통증을 느끼는 것이다**. 또한 식후 격한 운동을 하면 혈액이 부족해져서 위나 장에 경련을 일으키기도 하는데, **이러한 경련이 통증으로 전해져서 옆구리가 아프다고 착각하는** '위나 장의 경련' 설, 또는 횡경막(가로막) 주변의 근육이나 내장으로 보내지는 혈류와 산소의 공급 부족이 원인인 '**횡격막 경련**' 설, 소화할 때 음식물과 소화액의 화학반응으로 발생한 가스가 운동으로 몸이 흔들리면서 대장에 모였다가 팽창되면서 통증이 생긴다는 '**가스**' 설 등 통증 부위에 따라 여러 가지 원인이 짐작된다.

최근에는 복부의 안쪽에 있는 복강이 운동으로 인해 상하좌우로 흔들려 안에 있는 장기가 움직이면서 복막이 자극되고 쏠려서 통증이 생긴다는 '**복막**' 설이 유력하다.

어떤 경우든 예방 차원에서 식후 바로 운동은 삼가고 충분한 시간을 둔 후에 몸을 움직이도록 하자. 운동할 때는 꼭 스트레칭과 같은 준비운동을 하는 등 처음에는 가벼운 운동부터 시작한다. 달리기, 수영, 댄스 등 상반신이 흔들려서 부담을 주는 스포츠는 몸통(체간)을 단련해서 예방할 수 있다.

배가 갑자기 아픈 데는 몇 가지 원인이 있다
통증 발생 부위에 따라 원인이 다르다

통증이 생기는 구조

오른쪽 옆구리 통증

횡격막(가로막)

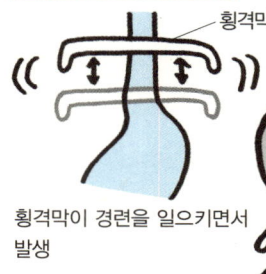
횡격막이 경련을 일으키면서 발생

왼쪽 옆구리 통증

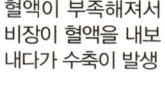
혈액이 부족해져서 비장이 혈액을 내보내다가 수축이 발생

비장

하복부 통증

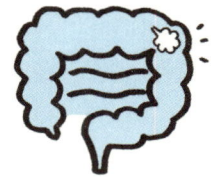
대장에 가스가 차서 발생

복부 중앙(횡격막에서 골반까지) 통증

복강

복강이 운동으로 흔들려서 안의 장기가 움직이다가 복막이 쓸려서 발생

상복부 중앙(위와 장)

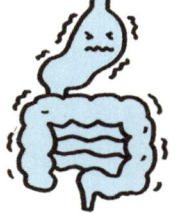
위나 장의 경련을 뇌가 통증으로 착각해서 발생

배가 아플 때는!

● **통증이 생겼을 때 응급처치**
· 심호흡을 하다가 복식호흡으로 바꾼다.
· 복부 스트레칭과 마사지를 한다.

● **통증 예방법**
· 복근 강화를 위해 체간을 단련한다.

몸통(체간) 운동 30초 동안 유지한다.

18 대변은 장내 상태를 알려주는 중요한 소식통!

대변은 장내세균의 집합체였다!

배변의 횟수나 양, 상태는 몸 상태를 판단하는 가장 쉬운 방법이다. 대변의 약 80%는 수분으로 나머지 20% 중에서 음식물 찌꺼기와 떨어진 장점막, 장내세균이 각각 3분의 1씩 점유한다. **겨우 1g의 대변에 약 1조 개의 장내세균이 있다고 한다.** 그래서 대변을 체크하면 장내 플로라의 균형을 추측할 수 있는 것이다.

배변 횟수는 하루에 한 번에서 세 번까지, 또는 한 주에 세 번 정도면 정상이다. 양은 식사의 양이나 내용에 따라 다르고, 하루의 평균은 100~200g, 채소와 같은 식물성 재료가 많은 경우에는 양이 많고 부드럽고, 육류가 많은 경우에는 양이 적고 건조해지는 경향이 있다. 유익균이 우세할 때 변은 황갈색의 바나나 상태(수분이 약 70%)로 배에 힘을 주지 않고도 쑥 나와서 가볍게 물에 뜨지만, 반대의 경우 유해균이 우세해서 장내 환경의 악화를 예상할 수 있다.

대변의 단단함이나 모양은 소화관을 통과하는 시간에 따라 달라진다. 병원이나 병간호 현장에서는 대변의 상태를 기록할 때 모양과 단단함을 7단계로 나눈 '**브리스톨 배변 척도**'(45쪽 참조)를 이용한다. 대변이 다갈색인 이유는 지방을 분해하는 담즙에 의한 것으로 **담즙에 포함된 '빌리루빈'이라는 황갈색 색소로 인해 다갈색처럼 된다.** 또한 위와 같은 상부 소화관에 출혈이 있으면 콜타르와 같은 검은색 대변이 되는데 항문에 가까운 부분에서 출혈이 있으면 더욱 선명한 적색이 되는 등, 대변의 색으로 소화관 내 대부분의 출혈 부위를 확인할 수 있다. 최근에는 유익균이 우세인 균형이 잘 잡힌 대변을 타인의 대장으로 넣어서 병을 고치는 '**대변 이식**'이라는 놀라운 치료법도 시작되었다. 대변이 최신 바이오테크놀러지의 일부를 책임지고 있는 것이다.

똥은 건강의 척도!
1g의 대변에 약 1조 개의 장내세균이 들어 있다

- 양: 하루에 약 100~200g
- 횟수: 하루에 1번 ~ 한 주에 3번
※ 개인차가 있다.

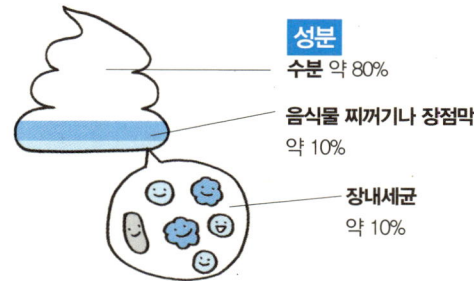

성분
- 수분 약 80%
- 음식물 찌꺼기나 장점막 약 10%
- 장내세균 약 10%

변의를 느끼는 구조

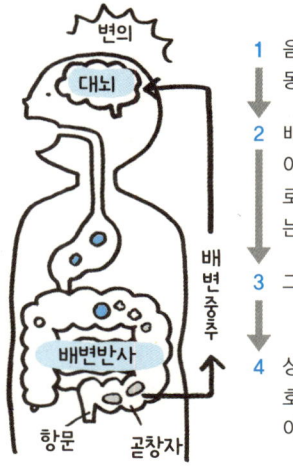

1. 음식물이 큰창자의 연동운동으로 곧창자로
2. 배변반사: 곧창자에 대변이 왔다는 정보가 배변중추로 전달되어 대변을 내보내는 움직임이 강해진다.
3. 그 신호가 대뇌로 전해진다.
4. 상황에 따라 대뇌가 GO 신호를 보내면 항문의 조임근이 느슨해져서 배변한다.

브리스톨 배변 척도

변비 ↑
1. 작은 구슬 모양 대변
2. 단단한 대변
3. 다소 단단한 대변
4. 보통 대변
5. 다소 부드러운 대변
6. 곤죽 상태 대변
7. 액체 대변
↓ 설사

타인의 대변을 이식해서 병을 고치는 '대변 이식'이란?
건강한 사람의 대변에는 1조 개나 되는 장내세균이 있다. 그 대변을 가공해서 건강에 장애가 있는 사람의 대장에 이식해서 병을 고치는 치료법. 현재 시행 중인 병은 클로스트리디오데스 디피실리균 장염이라는 질환뿐이었는데, 난치성 신경질환이나 관상동맥질환에 대한 연구도 진행되고 있다.

19 긴장하면 왜 화장실에 가고 싶어질까?

교감신경과 부교감신경의 충돌이 원인!

방광의 용량은 성별이나 체격 차이도 있고, 사람에 따라 250~600㎖로 다양한데 평균적으로 대략 470㎖라고 한다. 성인의 경우에는 하루에 1,200~1,500㎖의 소변을 만들고 방광에 200~300㎖ 정도가 쌓이면 요의가 생긴다.

요의를 컨트롤하는 것은 체내 환경을 조절하는 '자율신경'이다. 자율신경은 자신의 의지로는 컨트롤할 수 없는 신경으로 '교감신경'과 '부교감신경'으로 분리되어 서로 반대되는 작용을 하면서 몸의 균형을 잡고 있다.

교감신경이 작용할 때는 방광도 유연하게 부풀어서 요의를 느낄 때까지 용량도 늘어나고 요도도 꽉 조여 있다. 방광이 가득 차서 요의가 생겨 부교감신경이 작용하면 이번에는 방광의 배뇨근이 강하게 수축하여 요도의 긴장이 풀어지고 배뇨할 준비가 된다.

배뇨 준비가 끝나면 뇌의 명령으로 요도조임근이 느슨해지면서 배뇨를 한다. 그런데 **긴장해서 자율신경의 균형이 깨지면 평소보다 적은 양인데도 요의를 느낀다. 이것이 긴장하면 화장실을 자주 가는 이유이다.**

특히 방광은 감정의 영향을 받기 쉬워서 스트레스를 받으면 방광이 수축하기 때문에 적은 양이라도 요의를 느끼게 된다고 한다.

화장실을 참는 버릇이 생기면 방광염이나 신우염에 걸릴 위험이 커지므로 바로 화장실에 가지 못할 경우에는 되도록 커피와 같은 이뇨 작용이 있는 카페인 종류는 섭취하지 않도록 한다. 또한 일반적인 배뇨 횟수는 아침에 일어나서 잠자리에 들 때까지 5~7번 정도라고 한다. 낮에 8번 이상, 밤에 2번 이상 화장실에 간다면 빈뇨가 의심되므로 의사와 상담해보자.

긴장하면 화장실에 가고 싶어지는 이유는?
교감신경과 부교감신경의 균형이 무너진다

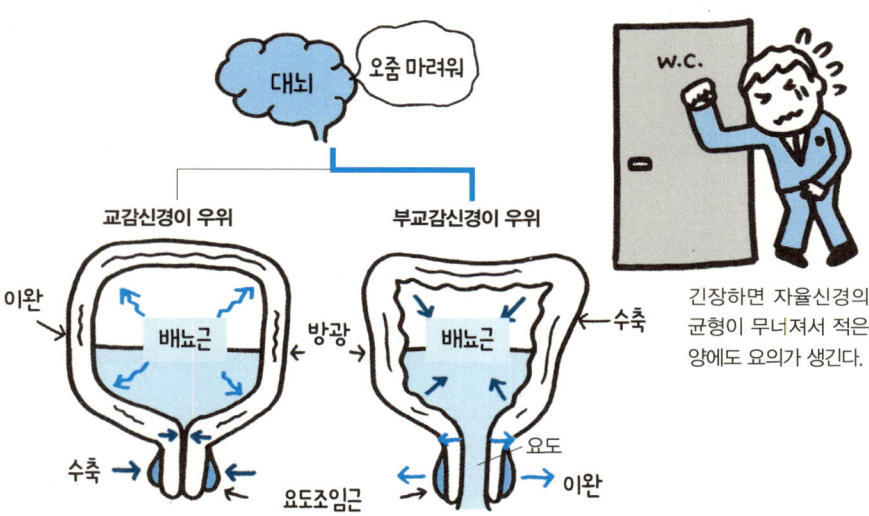

긴장하면 자율신경의 균형이 무너져서 적은 양에도 요의가 생긴다.

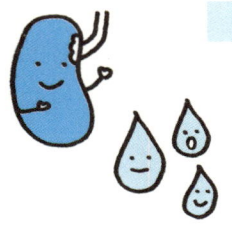

건강한 오줌

색 : 담황색, 소변의 성분은 90% 이상이 수분, 그밖에는 암모니아 등의 노폐물

양 : 성인의 경우 하루에 1.2~1.5㎖, 횟수는 5~7번(마신 수분에 따라 차이가 있다)

냄새 : 음식, 음료수의 양에 따라 달라지는데, 별로 냄새가 없고 약간의 암모니아 냄새가 난다.

서점에 가면 똥이 마려워진다는 속설

이 불가사의한 현상을 둘러싸고 해명이 필요한 여러 주장이 제기되었으나 결론은 나오지 않았다. 그러나 다음과 같은 그럴싸한 설이 있다.

· 책이 사람을 편안하게 해서 화장실에 가고 싶어지는 욕구의 원인이 된다.
· 종이나 잉크 냄새가 변의를 일으킨다.
· 방대한 활자 중에서 원하는 책을 찾아야 한다는 압박감이 장에 영향을 준다.

COLUMN

막창자꼬리, 지라, 가슴막과 같은 '쓸모없는 장기'는 사실 쓸모 있었다!

막창자꼬리, 지라, 가슴막 등 지금까지 진화의 흔적이라고 해서 인체에는 별로 필요 없다고 여겨졌던 '퇴화한 기관'이 사실 각각 중요한 역할을 한다는 것이 속속 밝혀지고 있다.

예를 들면 '막창자꼬리염(소위 맹장)' 외에는 그 존재를 어필할 기회가 없던 막창자꼬리는 림프조직이 장내에서 면역 글로불린의 일종인 IgA의 생산에 관여하면서 장내세균을 조절할 가능성이 있다는 사실을 알게 되었다. 막창자꼬리의 림프조직이 결여된 실험용 쥐는 큰창자의 IgA가 감소해서 장내 플로라의 변화가 확인되었다. 게다가 막창자꼬리의 항암 작용도 보고되는 등, 막창자꼬리가 인체의 면역시스템에 있어 중요한 구성요소로 체내 환경의 항상성 유지에는 없어서는 안 될 장기로 주목받고 있다.

또한 지라는 노화된 적혈구를 파괴하고 제거해서 혈액의 노화 방지를 위해 체내 혈소판의 약 3분의 1을 저장한다. 나이가 들면서 퇴화하는 가슴샘도 면역반응의 사령탑인 T세포를 만들어 면역에 중요한 역할을 하는 등, 지금까지 우리가 알던 상식을 뒤집으면서 '쓸모없는' 장기의 진실이 밝혀지고 있다.

제 3 장

생명을 유지하고 몸의 이상에 반응
순환기와 호흡기의 신비

20 심장은 죽을 때까지 일하는 데 지치지 않을까?

> 숨을 내쉴 때 아주 잠깐 휴식을 취한다!

심장은 태어날 때부터 죽을 때까지 매일 거의 10만 번의 박동(심박)을 반복하면서 계속 온몸으로 혈액을 보내는 부지런한 장기이다.

한 번의 박동으로 60㎖, 1분에 약 5L의 혈액을 내보내니 하루에 종이컵 약 4만 개(72,000㎖) 정도의 양이다. 성인의 안정 시 평균 심박수는 1분에 60~70번이지만, 항상 일정한 속도를 유지하는 것은 아니다. 똑같아 보여도 엄밀하게 측정하면 박동의 간격이 0.9~1.1초 정도 사이에서 미세하게 변이한다.

이 심박 변동은 심장박동의 주기적인 변화로 숨을 들이마시면 빨라지고, 내쉬면 느려진다는 특징이 있다. 사실 심장은 숨을 내쉬는 아주 짧은 동안에 '휴식'을 하는 셈이다. 그래서 건강한 사람일수록 이런 '휴식 시간'이 길고, 변이가 커지는 경향이 있다고 한다. 심장은 숨을 들이마실 때 되도록 허파에 많은 혈액을 보내어 산소를 실어야 하지만, **숨을 내쉬어서 산소가 적어졌을 때는 필요 이상의 혈액을 보낼 필요가 없다. 그래서 숨을 내쉴 때는 속도를 떨어뜨려서 휴식을 취하고 피로를 회복하는 것이다.** 이와 같은 시스템은 비단 사람만이 아닌 허파호흡을 하는 여러 동물한테서도 나타난다.

개구리는 올챙이 시절에는 아가미호흡을 하지만, 다리가 자라서 허파호흡을 할 때가 되면 뇌 속에 변이를 일으키는 '의문핵'이라는 부위가 생겨서 호흡에 맞춰 심장박동과 박동 사이의 간격이 달라지기 시작한다.

어떤 의미에서 보면 동물은 심장의 심박 변이 시스템에 익숙해진 덕에 지상에 진출할 수 있었다고 할 정도로 0.1~0.2초 정도의 아주 짧은 '휴식'이 심장에는 없어서는 안 될 만큼 중요한 것은 물론, 심장이 죽을 때까지 박동을 멈추지 않는 비결이기도 하다.

심장은 숨을 내쉴 때 아주 짧은 휴식을 한다!
심박 간격은 약 0.9~1.1초 사이에 변한다

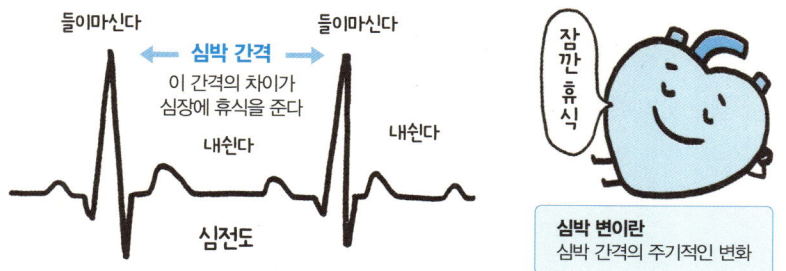

심박 변이란
심박 간격의 주기적인 변화

숨을 내쉴 때 나타나는 심박 변이

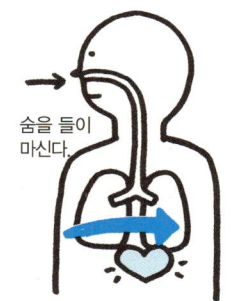

허파의 산소 농도가 높아진다
심박 간격이 짧아지고 심박이 빨라지면서 혈류도 증가한다. 많은 산소를 실으려고 한다.

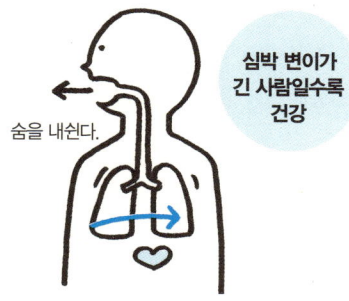

심박 변이가 긴 사람일수록 건강

허파의 산소 농도가 낮아진다
심박 간격이 길어지고 심박이 늦어지면서 혈류도 감소한다. 이때 심장은 피로회복을 위해서 잠시 휴식한다.

심전도란 심장의 전기신호

심장은 왜 사람의 의지가 아닌 제멋대로 움직일까?

심장의 세포 속에서 1% 정도를 차지하는 사령탑과 같은 세포를 '페이스 메이커 세포'라 부른다. 이 세포가 전기신호를 발생해서 심근세포들에게 일하라는 명령을 내리면 다른 심근세포들이 수축과 이완을 반복한다. 즉, 심장에는 독립된 전기 시스템이 있다.

21 심장이 '암'에 걸리지 않는 이유는 뭘까?

> 심장 세포는 태어났을 때부터 거의 분열하지 않는다!

암(악성종양)은 여러 부위나 조직에 생긴다고 알려졌지만, '심장에는 암이 생기지 않는다'고 한다. 실제로 심장에도 종양은 생기지만, 원발성 종양은 약 0.02%로 아주 적고, 게다가 악성종양은 그중 4분의 1 정도로 매우 드물다.

즉 악성 종양 중에서 체표를 덮고 있는 상피세포에 생기는 것을 '암', 그 밖에 뼈나 근육에 생기는 것을 '육종'이라 하고, 심장(심근)에 생기는 악성종양은 엄밀히 말하면 악성이라고 해도 '암'이 아닌 '육종'이다.

심장에 종양이 생기기 어려운 이유는 몇 가지 설이 있다. 하나는 심장의 특이성 때문이다. 심장은 '심근'이라 불리는 특별한 근육(가로무늬근)으로 구성되어 있는데, 이 근육은 태어날 때부터 죽을 때까지 거의 세포분열을 하지 않는다. 그래서 **세포가 분열할 때 발생하는 이상세포인 암세포가 증식하는 기회가 없다는 설**이다.

그리고 심장은 몸 중에서 가장 온도가 높고, 심장이 생산하는 열량은 몸 전체의 11%나 된다. 암세포는 저온을 좋아해서 35℃ 전후에서 더욱 활발해진다고 하는데, 39℃가 되면 증식이 멈추고, 42℃를 넘으면 대부분 사멸해 버린다. **40℃ 이상이나 되는 심장에서는 만일 암세포가 생겨도 살아남지 못한다는 설**이다. 또는 수축을 반복하는 심장에는 종양세포가 발붙일 틈이 없기 때문이라는 설도 있다.

최근 연구에서는 심장이 분비하는 호르몬 중에서 심방에서 분비되는 '나트륨이뇨펩티드(ANP)'가 폐암 수술 후 전이를 억제한다는 사실이 밝혀지면서 심장의 암 발병도 억제할지 모른다는 관점도 있다.

심장에 종양이 생기기 어려운 이유는?
몇 가지 설이 있지만, 그 원리는 밝혀지지 않았다

심장에 종양이 생기기 어려운 이유

- 심근세포가 거의 세포분열을 하지 않는다.
- 심장은 온도가 40℃ 이상이나 되어 열로 암세포가 사멸한다.
- 수축을 반복하는 심장에는 종양세포가 발붙일 틈이 없다.
- 심방에서 분비되는 나트륨이뇨펩티드가 발병을 억제한다.

(심장: "암이 생기지 않아요")

심장종양에는 양성과 악성이 있는데, 악성종양(육종)이 발생하는 경우는 매우 드물다.

암세포는 왜 무서울까?

- **자율성 증식**
  비정상적으로 증식해서 멈추지 않는다.
- **침윤과 전이**
  스며들듯이 퍼져서 암 조직을 확대한다.
- **악액질**
  다른 정상조직의 영양분을 빼앗아 몸을 쇠약하게 만든다.

'암'은 왜 영어로 CANCER(게)일까?

처음에 암을 게에 비유한 사람은 고대 그리스 의사인 '히포크라테스'. 당시에도 이미 유방암의 외과적 치료가 이루어졌는데, 히포크라테스는 암세포를 떼어낸 후 그 자리를 불로 태웠다고 한다. 그리고 떼어낸 암세포를 잘게 자른 후 스케치로 남겼는데, 그 그림에 '게와 같은'이라고 기술한 것이 시초라고 한다. 암을 떼어낸 자국이 게 등딱지처럼 보였던 것일까?

22 사람의 혈관에는 어떤 비밀이 있을까?!

혈관이 푸른색으로 보이는 이유는?

우리 몸은 혈액이 영양분과 산소를 세포로 운반하고 이산화탄소와 노폐물을 회수하기 위해서 온몸 구석구석을 혈관이 둘러싸고 있다. **혈관은 크게 '동맥', '정맥', '모세혈관'의 세 종류로 나눠지는데 전체 90% 이상은 모세혈관이다.**

심장에 혈액을 공급하는 대동맥과 대정맥은 직경 2.5~3㎝ 정도의 굵기인데 혈관은 갈라지기를 반복하면서 점점 가늘어져서 그물망처럼 퍼진 모세혈관이 되어 몸의 말단으로 향한다. 가장 가는 모세혈관은 200분의 1mm 정도의 굵기다. **이와 같은 혈관을 전부 연결하면 성인의 경우에는 대략 10만 km로 지구 두 바퀴 반 정도의 길이라고 한다.**

즉 심장에서 내보낸 혈액이 다시 심장으로 돌아오는 '온몸순환'에 걸리는 시간은 대략 30초 정도로 대정맥에서는 1초에 1m의 속도로 혈액이 흐른다고 한다. 혈액의 양은 대체로 체중의 13분의 1 정도로, 체중 60kg의 사람이라면 약 4.6kg (혈액 비중 1.055로 계산)의 혈액이 전속력으로 체내를 순환하고 있다. 한 번쯤 혈액은 붉은색인데 손발의 혈관이 푸르게 보이는 이유가 뭔지 궁금하게 생각해본 적이 있을 것이다.

그 이유는 **빛의 파장 차이로 인해 눈에 보이는 색이 변하기 때문이다.** 빛에는 파장이 긴 빛은 흡수되기 쉬운데 반사되기 어렵고, 파장이 짧은 빛은 흡수되기 어려운데 반사되기 쉽다는 특징이 있다. 빨간색은 파장이 길고, 파란색은 파장이 짧아서 빛이 피부나 혈관 벽을 통해서 반사하면 푸르게 보인다.

그리고 피부 가까이 얕게 흐르는 혈관 대부분은 정맥으로 온몸을 순환해서 산소가 소멸한 혈관이 검붉은색을 띠는 것도 하나의 원인이라고 한다.

사람의 혈관을 검증한다
혈관을 전부 연결하면 대략 지구 두 바퀴 반이 되다

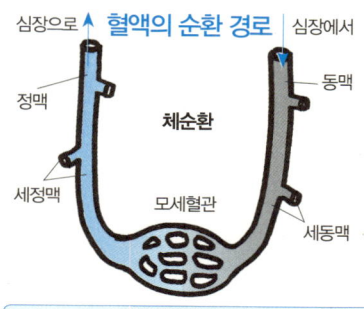

산소와 이산화탄소의 가스교환, 영양소·노폐물의 교환이 일어난다.

모세혈관이 90% 이상

혈관을 비교한다

혈관의 두께 (직경)와 구조

- 대정맥 3cm
- 대동맥에서 (심장에서 바로 혈관) 2.5cm
- 정맥 5.0mm
- 동맥 4.0mm
- 세정맥 0.3mm
- 세동맥 0.5mm
- 모세혈관 0.005mm

바깥막 / 중간막 / 속막
혈압: 80~120mmHg

바깥막 / 속막(민무늬근)
혈압: 35mmHg

속막
혈압: 15mmHg

※일반적으로 정맥벽은 동맥벽보다 얇다.

피는 붉은색인데 손발의 혈관은 왜 푸른색으로 보일까?

파장의 차이에 따른 침투의 용이성과 관계가 있다고 여겨진다. 파장이 짧은 푸른빛은 붉은 빛에 비해 투과하기 어렵고, 피부의 표면 근처에서 반사된 푸른색이 시각적으로 더 잘 보이게 된다. 게다가 눈의 착각으로 푸른색이 많아진 것처럼 보이기도 한다.

23 체내를 순환하는 림프의 역할은 혈액과 어떻게 다를까?!

림프 내의 면역세포가 체내를 순찰

몸 안을 흐르고 있는 것은 혈액만이 아니다. **우리의 체내에는 혈관과 마찬가지로 '림프관'으로 둘러싸여 있는데 그 안에 '림프액'이 흐르고 있다.**

이 림프액은 원래 혈액 속의 혈장이 밖으로 스며 나온 물질이다. 혈액은 몸의 말단에서 일부가 모세혈관을 나와서 산소와 영양분을 세포로 운반한다. 그리고 대부분은 다시 모세혈관으로 돌아가는데, 1% 정도는 가는 림프관으로 들어가 합류를 반복하다가 마지막에는 굵은 **'빗장밑정맥'**이 되어 가슴 림프관으로 흘러들어 간다. **림프관이 합류하는 부분은 잠두콩 모양을 한 마디가 되는데 이것을 '림프절'이라 부른다.**

림프절은 온몸에 800개 정도가 있는데, 목과 주변에는 약 300개가 집중해 있고, 다음으로 샅과 겨드랑이 부분에 많이 분포해 있다. 또한 림프관에는 마디가 있는데, 이 마디가 림프액의 역류를 막아준다. 심장처럼 펌프 기능이 없는 림프액의 흐름은 혈액에 비해서 꽤 느린데 1시간에 순환하는 양이 약 100㎖라고 한다. **림프 속에 존재하는 세포를 면역세포라 하고, 병원체나 이물질을 격퇴하는 면역기능과 체내의 노폐물 회수·배설과 같은 역할을 한다.**

면역세포에는 병원체를 포식하면서 몸에 퍼지는 것을 막아주는 호중구나 '매크로파지'와 같은 '식세포'와, 백혈구의 일종인 림프구가 있다. 림프구에는 세균이나 바이러스 등에 감염된 세포를 공격하는 NK세포, 항체를 만드는 B세포, 한번 침입한 병원체를 기억했다가 대응하는 T세포에는 도움 T세포, 억제 T세포, 자연살상 T세포 등이 존재하는데, 림프액과 혈액 속을 돌아다닌다.

림프절은 림프액으로 운반된 병원체나 노폐물을 여과시켜서 제거하는 '관문'과 같은 역할을 하면서 우리 몸을 지켜주는 것이다.

체내를 순환하는 림프는 몸의 방어부대!
림프란 림프액·림프관·림프절의 네트워크

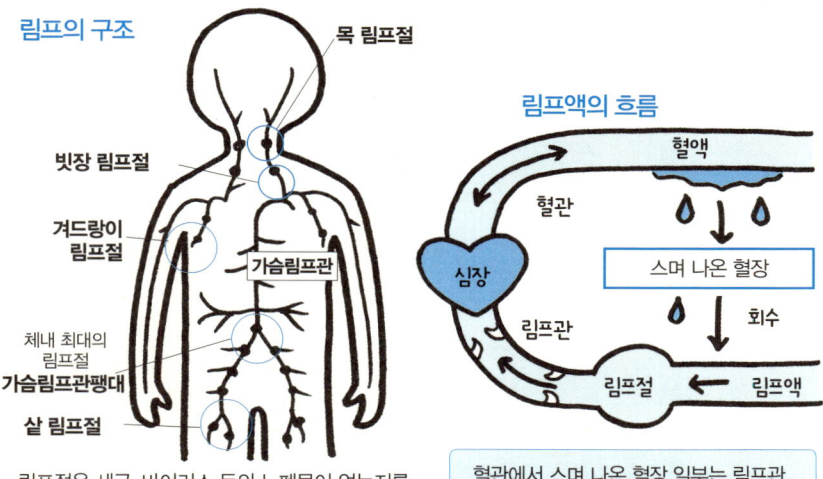

림프의 구조

- 목 림프절
- 빗장 림프절
- 겨드랑이 림프절
- 가슴림프관
- 체내 최대의 림프절 가슴림프관팽대
- 샅 림프절

림프절은 세균, 바이러스 등의 노폐물이 없는지를 체크하는 관문과 같은 면역기관

림프액의 흐름

혈액 / 혈관 / 심장 / 림프관 / 스며 나온 혈장 / 회수 / 림프절 / 림프액

혈관에서 스며 나온 혈장 일부는 림프관으로 회수되어 림프액이 된다. 림프액에는 백혈구 일종인 림프구가 존재하고, 마지막에는 쇄골하정맥으로 흘러들어 혈액으로 회수된다.

탐식세포 매크로파지(macrophage, 대식세포)

- 림프구
- 호중구
- 매크로파지

림프절에서 기다리다가 림프구가 퇴치한 죽은 세포나 파편, 체내에 침입한 세균 등의 이물질을 포식해서 소화. 상처나 염증이 생길 때 활발하게 활동

림프구에 존재하는 중요 면역 세포

NK세포
체내를 순찰하다가 암세포나 바이러스와 같은 세포를 발견하면 공격

T세포
한번 침입한 병원체를 기억했다가 대응한다.
도움 T세포, 억제 T세포, 자연 살상 T세포

B세포
항체를 만드는 면역 세포

24 모든 아기는 태어날 때부터 가짜울음의 달인?!

갓난아기의 첫 울음 소리는 자력호흡을 시작했다는 증거

엄마 뱃속의 태아는 자궁 안쪽에 있는 태반에서 제대(탯줄) 속의 제대혈을 통해서 산소와 영양소를 공급받는다. 그때 허파는 양수로 가득 차있어서 호흡은 하지 않는다. 그런데 태어나서 밖으로 나오면 탯줄이 끊어지면서 산소를 공급받을 수 없게 된다. 그래서 갓난아기는 공기를 들이마시면서 허파호흡을 시작한다.

그러나 갑자기 허파를 부풀리려면 큰 힘이 필요하다. 그때문에 **온 힘을 다해 폐로 공기를 넣고 숨을 내뱉으며 울다 보니 울음 소리(첫 울음 소리)가 커진 것이다.** 즉 갓난아기의 울음 소리는 '첫 호흡'이고, 뱃속에서는 없던 허파를 사용해서 허파호흡을 시작했다는 증거이기도 하다.

이처럼 갓난아기가 갑자기 허파호흡으로 전환할 수 있는 이유는 엄마뱃속에서 연습하고 있기 때문이다. 태아는 임신 28주 정도부터 양수를 마시고 허파를 부풀려서 내뱉는 호흡 연습(**호흡양 운동**)을 시작한다. 그리고 탯줄이 끊겨서 산소부족 상태가 되고 혈중 이산화탄소의 농도가 높아지면 뇌줄기에서 호흡반사가 일어나서 허파호흡을 시작한다.

호흡의 시작으로 허파 속에 흐르는 혈액이 늘어나고 서서히 혈액 속의 산소농도도 높아지면서 분홍색으로 물들어 가는 것이다.

또한 '갓난아기는 우는 게 일'이라고 할 정도로 자주 우는데, 생후 2~3개월인 아기는 아무리 울어도 눈물이 나오지 않는다. 왜냐하면 아직 눈물샘도 뇌도 발달하지 않았기 때문이다.

외롭다거나 슬프다는 감정으로 우는 일은 없지만, 유일한 소통 방법인 울음 소리를 이용해서 배가 고프다거나 졸리다는 상태를 엄마한테 알려주는 것이다.

> **갓난아기는 체내에 있는 탯줄을 통해서 산소를 공급받는다**
> 응애하고 울기 시작하면서 허파호흡이 시작된다

태아는 호흡양 운동으로 호흡 연습을 한다

뱃속의 태아는 태반과 탯줄을 통해서 산소를 공급받고 폐호흡은 하지 않는다. 임신 28주 정도가 되면 양수를 마시고 허파를 부풀려 뱉어내는 '호흡양운동'으로 호흡 연습을 한다.

갓난아기가 첫 울음 소리를 크게 내는 이유
갓난아기는 엄마 뱃속에서 밖으로 나오자마자 허파가 꽉 차도록 공기를 들이마시고 숨을 내뱉으면서 억지로 우는 것을 통해 첫 허파호흡을 한다. 이것이 첫 울음 소리다.

갓난아기가 우는 이유는 자기 의사를 전달하고 싶어서!

배가 고프다 | 기저귀가 젖었다 | 졸리다 | 몸이 아프다

울어도 눈물이 나오지 않는 이유는 기능이 미숙해서

태어난 직후의 갓난아이는 눈을 보호하기 위해서 눈물을 흘리지만, 아직 눈물샘과 같은 기능이 발달하지 않았고 뇌도 발달하지 않아서 눈물은 나오지 않는다. 개인차는 있지만, 일반적으로 생후 3~4개월 이후가 되면 조금씩 슬픔과 기쁨의 감정이 생긴다. 그러다 6개월 정도부터 지능이 크게 발달하면서 떼를 쓰기 위해 억지로 우는 '강울음'을 시작한다. 강울음은 아빠와 엄마의 관심을 끌기 위한 이유가 크다. 그래서 품에 안기자마자 울음을 뚝 그친다. 아빠와 엄마를 곁눈질로 보면서 우는 등의 특징이 있고, 어리광 눈물이라고도 한다.

25 꽃가루 알레르기에 걸리는 사람과 걸리지 않는 사람의 차이는 뭘까?

꽃가루의 양·체질과 면역력의 균형이 포인트!

봄의 삼나무나 노송나무, 가을의 돼지풀 등 꽃가루가 날리는 계절에 생기는 '**꽃가루 알레르기**'는 이름처럼 몸이 꽃가루를 방어하려고 과잉 면역반응을 하면서 나타나는 계절성 '알레르기성 비염'이다.

알레르기성 비염은 알레르겐(원인물질)인 삼나무와 같은 꽃가루가 코점막에 닿으면 림프구가 '**IgE(면역글로브린E)**'라는 항체를 만들어서 비만세포에 부착한다. 그리고 다시 **꽃가루가 체내에 침입하면 비만세포가 히스타민 등의 화학 전달물질을 방출해서 주로 콧물, 코막힘, 재채기, 눈 가려움증과 같은 증상을 일으키는 것이다.** 감기와 비슷한 증상이 나타나지만, 감기의 경우에는 일주일 정도면 가라앉는데 알레르기성 비염은 꽃가루의 계절이 끝날 때까지 멈추지 않고 눈과 목구멍의 가려움과 같은 증상이 생긴다. 또한 알레르기성 비염의 특징에 자율신경 이상이 원인으로 재채기나 코막힘 증상이 이른 아침에 심해지는 '아침 공격'이 생기기도 한다.

그동안 쭉 괜찮았는데, 어느 해 갑자기 생기는 경우도 있다. 과거에는 양동이에 조금씩 쌓이던 알레르겐의 용량이 넘쳐서 생긴다는 '**양동이 이론**'이 유명했다. 그러나 최근에는 **꽃가루의 양과 선천적인 체질이나 식생활, 스트레스와 같은 저항력(면역력)이 균형을 이룬다는 '저울 이론**'이 중심을 이룬다.

저울 이론은 시기와 지역에 따라 꽃가루가 많거나 스트레스로 건강이 나빠지거나 하면 증상이 발생하기 쉽고, 반대로 꽃가루 양이 자신의 저항력을 밑돌 때는 증상이 나타나지 않기 때문에 면역력의 균형이 무너지면 꽃가루 알레르기 증세가 발생한다는 논리이다. 특히 알레르기 체질인 사람은 꽃가루 알레르기에 걸리기 쉽다고 하니 평소 건강관리가 필요하다.

꽃가루 알레르기에 걸리고 안 걸리는 요인은?
꽃가루 양과 체질, 식생활, 스트레스와 면역력의 균형으로 결정된다

꽃가루 알레르기를 일으키는 구조

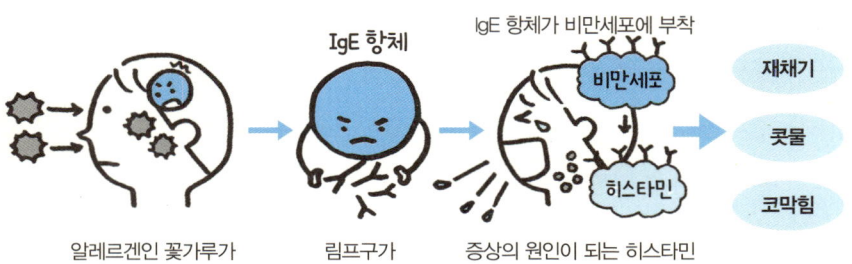

알레르겐인 꽃가루가 눈과 코로 침입 / 림프구가 IgE 항체를 생성 / 증상의 원인이 되는 히스타민 등의 화학물질을 방출

'양동이 이론'에서 '저울 이론'으로

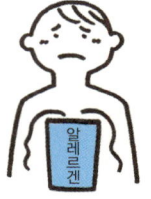

양동이 이론

양동이에 조금씩 쌓인 알레르겐이 용량을 초과해서 꽃가루 알레르기가 나타난다.

양동이 이론의 모순점
- 양동이 이론에 따르면 꽃가루 알레르기는 평생 고칠 수 없다. 하지만 현재 알레르겐을 투여하는 설하면역치료는 완치율도 높고 효과적이라고 한다.
- 증상은 비교적 편안한 해도 있고 그렇지 않은 해가 있는 등 꽃가루의 양만으로는 설명할 수 없다.

저울 이론

꽃가루의 양·체질·식생활·스트레스와 면역력의 균형이 무너져서 꽃가루 알레르기가 발생한다.

무서운 알레르기 '아나필락시스'란?

알레르기 중에서 가장 중상인 증상을 아나필락시스라고 한다. 온몸에 두드러기가 생기고 호흡할 때 가르랑거리는 소리가 나는 등 심각한 증상이 두 가지 이상 동시에 발생하는 상태. 게다가 혈압이 떨어져서 의식장애와 같은 증상이 나타날 때는 '아나필락시스 쇼크'라고 해서 생명에 지장이 생기는 위험한 상태에 빠질 수도 있다.

26 아무리 추워도 남극에서 감기에 걸리지 않는 이유

감기의 원인인 바이러스는 남극의 추위에 버티지 못한다

감기의 정식 명칭은 '감기증후군'이라 하고, 호흡기계 급성염증을 말한다. 그리고 그 원인의 약 90% 이상이 바이러스고 나머지는 세균 감염에 의한 것이라고 한다.

추워지면 감기바이러스가 활성화되기 때문에 감기를 일으키기 쉬운데, 극한의 지역·남극에서는 감기에 걸리지 않는다. **왜냐하면 −97℃ 이상 사상 최저기온을 기록한 적이 있는 남극에서는 감기의 원인인 바이러스나 균이 생식하지 못하고 사멸해버리기 때문이다.**

단순히 춥다고 해서 감기에 걸리지는 않는다. 그러나 남극에 장기간 체재하면 귀국 후에 바이러스에 대한 저항력이 약해져서 바로 감염되어 금방 감기에 걸린다고 한다.

감기에 걸렸을 때 열이 나는 이유는 저온에서 증식하기 쉬운 바이러스 활동을 발열로 억제하려 하기 때문이다. 우리의 체온은 보통 37℃ 전후*를 유지하지만, 바이러스에 감염되면 뇌의 시상하부에 있는 '체온조절중추'가 체온을 높이도록 명령을 내린다. 거기에 따라 피부표면의 땀샘을 닫거나 혈관을 수축하는 등 열의 방출을 억제해서 열을 가둔다. 발열을 통해 백혈구 활동을 촉진해서 면역력을 활성화하는 것이다.

열이 날 때 오한으로 몸이 떨리는 이유는 근육이 떨리면서 열을 내도록 하기 위해서이다. 바이러스가 강할수록 체온을 높여서 면역력을 높이려 하기 때문에 감기보다는 독감이 훨씬 고열 증상이 나타난다. 발열로 바이러스가 퇴치되면, 체온조절중추가 이번에는 체온을 떨어뜨리라는 명령을 내려 땀을 흘리는 등 발한으로 열을 내리는 것이다.

---

* 일본인 평균치는 36.8℃ ±0.34℃, 한국인 평균치 36.8℃ ±0.7℃−역자 주

추운 남극에서 감기에 걸리지 않는 이유는?
너무 추운 나머지 감기의 원인 바이러스가 죽어버린다

발열은 바이러스와 싸운다는 증거

감기바이러스가 아무리 낮은 온도와 낮은 습도를 좋아해도 남극은 너무 춥다!

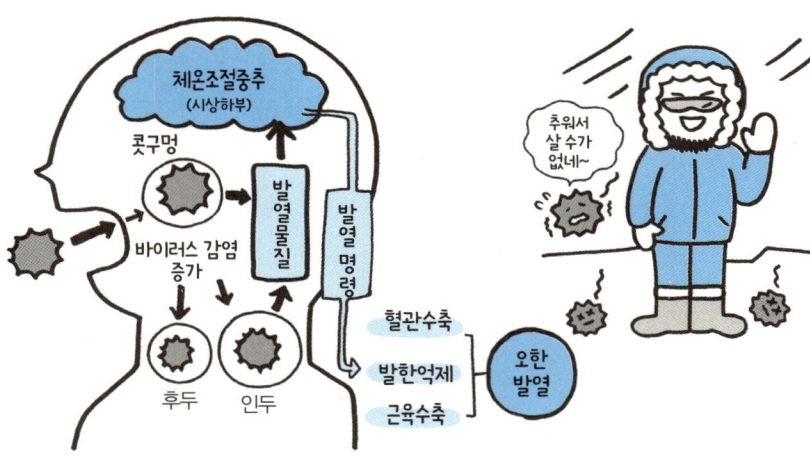

발열의 메커니즘
바이러스에 감염되면 '체온조절중추'가 체온을 높이도록 명령. 피부표면의 땀샘을 닫아서 혈관을 수축하는 방법으로 열의 배출을 억제해서 열을 가둔다. 발열하면 백혈구의 활동을 촉진해서 면역력을 활성화한다.

추워도 너무 추운 남극
- 내륙부의 연평균기온은 –57℃
- 해안에서 가까운 쇼와 기지는 –10.5℃

쇼와 기지 : 남극 이스트 옹굴 섬에 있는 일본의 관측 기지 – 역자 주

*-97.8℃라는 사상 최저 기온을 기록한 적이 있다.

독감은 어린이와 고령자에게는 각별한 주의가 필요!

독감의 기염균은 독감바이러스

	감기	독감
증상	재채기·콧물·목의 통증(인후통)	감기 증상에 관절염·근육통·오한
진행	천천히	급격히
발열	보통은 미열	고열 (38℃ 이상)

27 재채기는 왜 나올까?

공기 중에 떠다니는 이물질의 침입을 막기 위해서

재채기는 공기 중의 이물질이 체내로 들여보내지 않게 하기 위한 몸의 반사적 방어 반응이다. 코점막에 먼지나 바이러스가 붙으면 그 자극이 신경을 통해 근육으로 전해지고 가슴과 배 사이에 있는 가로막이 수축하면서 숨을 들이마신다. 그리고 한번에 숨을 내뱉어서 숨과 이물질을 동시에 몸 밖으로 내보내려고 하면서 일어나는 증상이 '재채기'이다.

먼지와 바이러스 외에도 알레르기성 비염의 알레르겐이 원인이 되기도 하고, 어두운 실내에 있다가 갑자기 해가 비치는 환한 장소에 나오면 강한 빛 자극으로 재채기가 나오기도 한다(빛 재채기 반사).

최근 연구에서는 재채기가 콧구멍을 청소해서 깨끗한 상태로 만드는 역할도 한다고 한다. 또한 재채기할 때 나오는 호흡의 속도는 초속이 시속 320km나 된다고 한다(다양한 실험 결과가 있다). 이것은 일본에서 제일 빠른 도호쿠 신칸센과 비슷한 속도이고, 게다가 **재채기와 함께 주위로 비산되는 타액은 시속 30km로 기세 좋게 튈 때는 3~4m까지 날아간다고 한다.**

감기나 독감 환자의 경우 한 번의 기침으로 약 10만 개, 재채기의 경우에는 약 200만 개의 바이러스를 방출한다고 하니, 이렇게 비산된 타액(비말)으로 인해 '비말감염'이 생기지 않도록 마스크를 하는 등 바이러스를 퍼지지 않도록 하는 게 중요하다. 또한 감기나 꽃가루 알레르기도 아닌데 초봄이나 가을에 재채기나 코막힘과 같은 증상을 느낀다면 '**혈관 활동성 비염(한난차 알레르기)**'일지도 모른다.

기온차(7℃ 이상)가 심하면, 추우면 좁아지고 더우면 확장되는 혈관의 수축이 온도 변화를 따라가지 못하면서 자율신경이 오작동을 일으킨다.

> 재채기는 공기 중의 이물질을 막는 몸의 반사적인 방어 기재!
> 알레르기, 강한 빛의 자극, 기온차 등이 원인

재채기가 나오는 구조

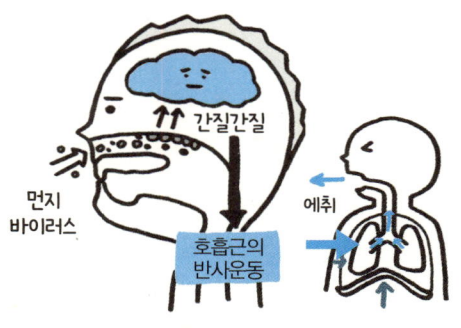

재채기가 나오는 원인

알레르겐이 코점막에 붙으면 그 자극이 신경을 자극하고 자극받은 신경은 점막 알레르겐을 떨어뜨리려고 호흡근에 반사운동을 일으킨다. 그래서 가로막이 이완되면 공기가 기세 좋게 밀려 나와 재채기가 된다.

재채기의 놀라운 위력

- 도호쿠 신칸센과 같이 초속은 시속 320km나 된다.
- 약 200만 개의 바이러스를 방출한다(여러 가지 설이 있다).

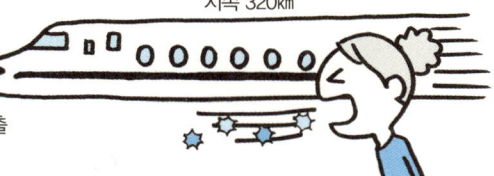

시속 320km

재채기로 인한 비말은 각별한 주의가 필요!

최고 4m까지 튄다.

재채기의 비말은 먼지나 바이러스 등이 들어 있어서 기세 좋게 튀면 4m를 넘어서까지 도달한다. 비말은 공기 중에 45분 정도 머무른다고 한다. 그 속에 들어 있는 균의 감염력은 비말이 생성된 장소, 균의 종류·양에 따라 다르고, 10초 정도로 반감하는 균도 있지만, 10분 이상 지나야 줄어드는 균도 있다.

COLUMN

청진기로 무엇을 듣는 걸까?

　　　　　청진기는 의사나 간호사가 환자의 몸에서 나는 소리를 듣고 진단하는 데 도움을 주는 도구로 주로 심음, 호흡음, 동맥음, 장음이나 태아의 심음 등을 들을 때 사용한다. 심음을 듣고 심장판막증이나 심부전, 기흉 등을 추측할 수 있는데, 숨쉬기 힘들어 보여도 호흡음은 정상이거나 반대로 허파에서 그르렁거리는데 본인은 태연하거나 하는 등 소리와 증상이 꼭 일치한다고는 할 수 없다. 그래서 청진은 장인기술이라고도 하는데, 최근 청진기 중에는 디지털화된 것도 있고, 청진한 소리를 녹음해서 데이터로 보관하고 공유할 수 있게 되었다.

　청진기는 검사할 때까지 몸 상태를 파악하고, 청진하는 것을 통해 진료에 대한 환자의 안심감과 만족감을 주는 데도 크게 공헌하는 중요한 수단이다.

　또한 의사가 사용하는 청진기는 장착할 때 집음부를 배꼽 근처에 대는 것이 일반적이지만, 간호사가 사용하는 청진기는 혈압의 측정 등 환자와 거리를 유지하기 쉽도록 의사가 사용하는 것보다 길이가 긴 게 일반적이다.

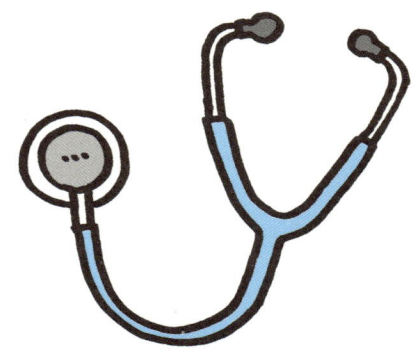

제 4 장

여러 가지 신호를 감지하는
감각기의 신비

28 눈물과 콧물의 정체는 '붉지 않은' 혈액!

기쁜 눈물과 분한 눈물의 맛은 왜 다를까?

'눈물'은 위쪽 눈두덩이 바깥 쪽에 있는 '눈물샘'에서 생성된다. 눈물샘 주변의 모세혈관에서 흘러넘친 혈액 중에서 '혈구(적혈구·백혈구·혈소판)'가 눈물샘을 통과하지 못하고 **액체 성분인 혈장만 스며 나온 것이다. 사실 코점막에서 분비된 콧물도 같은 성분의 혈장이다.** 눈물과 콧물이 무색투명한 이유는 혈액을 붉게 보이게 하는 적혈구가 없기 때문인데, 혈구 외의 성분 대부분은 혈액과 동일하기 때문에 **'붉지 않은 혈액'**이라고도 한다.

콧물은 코점막에 있는 코샘이라는 구멍에서 나오는 점액과 혈관의 침출액(혈장)으로, 감기 바이러스나 알레르기의 알레르겐 등의 이물질을 감지하면 뇌에서 이물질을 추방하라는 명령을 내리면서 다량으로 나오는 것이다.

눈과 코는 코눈물관이라는 관으로 연결되어 있는데, 울 때 콧물이 나오는 이유는 눈물이 눈물점이라는 구멍으로 다 흡수되지 못해서 콧물이 코로 흘러나오기 때문이다.

눈물에는 건조를 방지하고 이물질로부터 눈을 보호하고, 눈의 깜빡임에 따라 혈액으로 변해서 눈의 표면에 산소나 영양분을 공급하는 **'기본 눈물'** 외에도, 먼지가 들어갔을 때나 양파를 깔 때 반사적으로 흐르는 **'반사성 눈물'**, 슬플 때나 기쁠 때 나오는 **'감정 눈물'** 등의 세 종류가 있고, 감정에 따라서 눈물의 맛이 달라진다는 사실은 잘 알려져 있다.

예를 들어 화가 나거나 분할 때 흥분해서 교감신경이 우위에서 기능하면 눈물은 나트륨을 많이 함유해서 짠 눈물이 되고, 기쁘거나 슬플 때의 눈물은 부교감신경이 우위에서 기능하기 때문에 싱거우면서 단맛이 난다고 한다. 또한 슬플 때나 감동했을 때 흐르는 눈물에는 스트레스 호르몬이라 불리는 **'코르티솔'도 같이 체외로 배출된다.** 그래서 울고 나면 속이 시원해지는 것이다.

> **눈물과 콧물에는 같은 혈액 성분인 혈장이 들어 있다**
> 눈과 코는 코눈물관이라는 관으로 연결되어 있다

- **눈물**은 눈물샘의 모세혈관에서 나온 혈액의 혈구를 제외한 혈장
- **콧물**은 콧구멍에서 분비된 점액과 혈관에서 스며 나온 혈장의 혼합물

눈물과 콧물이 나오는 구조

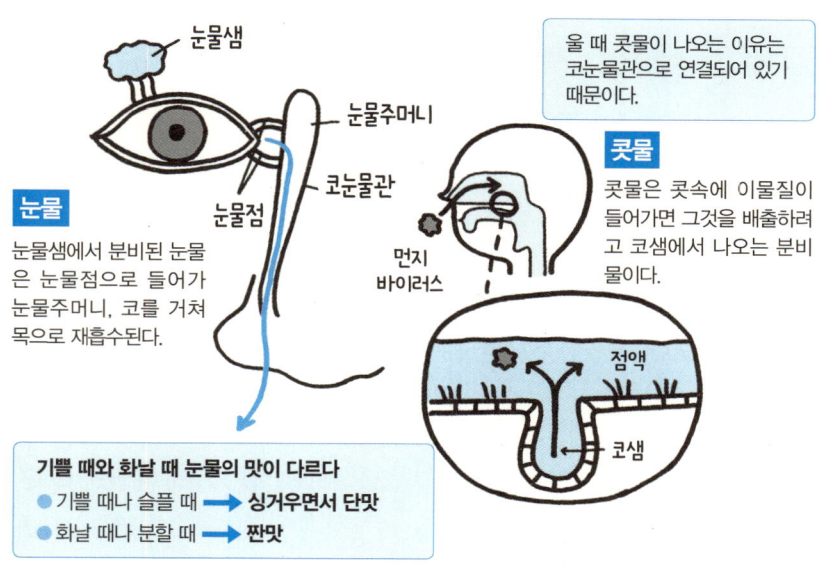

울 때 콧물이 나오는 이유는 코눈물관으로 연결되어 있기 때문이다.

눈물
눈물샘에서 분비된 눈물은 눈물점으로 들어가 눈물주머니, 코를 거쳐 목으로 재흡수된다.

콧물
콧물은 콧속에 이물질이 들어가면 그것을 배출하려고 코샘에서 나오는 분비물이다.

기쁠 때와 화날 때 눈물의 맛이 다르다
- 기쁠 때나 슬플 때 ➡ 싱거우면서 단맛
- 화날 때나 분할 때 ➡ 짠맛

코딱지는 양질의 박테리아 보물창고?

코딱지는 코털과 점막에서 잡은 먼지나 바이러스 덩어리인데, 코딱지가 양질의 박테리아 보물창고로 건강에 좋다는 놀라운 연구 결과를 하버드대학의 연구팀이 발표했다. 그러나 코딱지를 먹는 게 건강에 좋은지는 어떤지는 아직 과학적으로 증명되지 않았다. 먼저 코를 파는 행위는 접촉감염으로 감염증을 일으킬 위험이 있으니 하지 않는 게 좋다.

29 추위와 공포, 감동에도 소름이 돋는 이유는 뭘까?

소름은 인간이 털북숭이였던 때의 흔적!

추위나 공포를 느꼈을 때 돋는 '소름'은 '털세움근'이라는 근육으로 인해 생긴다. 뇌가 추위나 공포를 느끼면 교감신경이 작용해서 모근 근처에 있는 털세움근이 수축한다. 그러면 털이 당겨져 곤두서고 피부가 조금씩 솟아오르면서 작은 돌기가 생긴다. 일본에서는 이를 '겨울 사마귀'라고도 한다(오돌토돌한 닭살과 비슷해서 닭살이라고도 한다).

소름은 원래 항온동물이 체온을 일정하게 유지하려고 일으키는 생리현상이라고 한다. 겨울에는 몸을 부풀리는 새처럼 털을 곤두세워 털과 털 사이에 공기층을 만들어 몸을 냉기로부터 보호한다. 그러나 인간은 진화의 과정 중에 체모가 퇴화해서 동물처럼 온몸이 긴 털로 덮여 있지 않다. 그래서 사실 소름의 효과도 마음의 위안 정도라서, 인간이 털북숭이였던 때의 흔적이라고 여겨진다.

또한 털세움근은 자신의 의지로 움직일 수 없는 '불수의근'으로 교감신경의 지배를 받는다. 추위만이 아닌 공포나 감동으로도 소름이 돋는 이유도 그래서이고, **감정이 고조되어 교감신경이 자극을 받으면 '아드레날린'이라는 호르몬이 분비되어 털세움근을 움직이게 하는 것이다.** 고양이가 위험에 직면했을 때 털을 곤두세우는 것과 같은 구조이다. 즉 털세움근에는 부교감신경이 없기 때문에 편안한 상태에서 소름이 돋는 일은 없고, 대부분의 경우는 아드레날린의 분비가 활발해졌을 때 생긴다. 또한 아무리 추워도 얼굴에는 소름이 돋지 않는다는 말은 오류이다. 털세움근은 얼굴에도 있기 때문에 소름이 돋지만, 원래 얼굴은 혈행이 좋고 추위에 강한데다 체모는 대부분 퇴화했고 털세움근도 퇴화해서 거의 눈에 보이지 않는 것뿐이다.

> 소름이 돋는 이유는 털세움근이라는 근육의 수축
> 모공을 닫아서 외부 자극으로부터 몸을 지키는 방어 본능

모공 주변에 솟아 있는 피부가 오돌토돌한 모양이 닭살과 비슷하다고 해서 '닭살이 돋는다'라고 한다.

소름이 돋는 구조

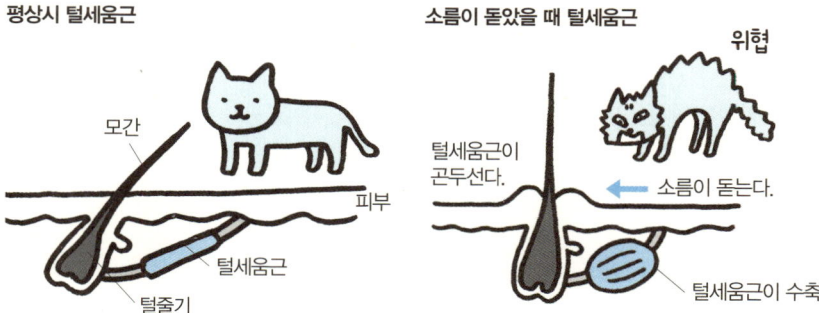

뇌가 추위나 공포·감동을 느끼면, 교감신경이 작용해서 털줄기 근처에 있는 털세움근이 수축. 털은 당겨지면서 곤두서고, 피부는 조금씩 솟아올라 작은 돌기가 생긴다. 이것이 이른바 소름.

털세움근의 기능이 떨어지면 탈모의 가능성도

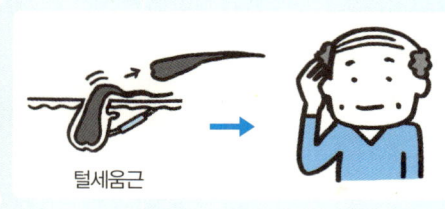

털세움근이 나이가 들면서 기능이 떨어지면 털이 주저앉아 버리는데, 그대로 방치하면 모공이 변형되어 탈모나 숱이 줄어들면서 늙었다는 인상을 준다.

30 사람의 눈은 어떤 식으로 사물을 보는 걸까?

눈은 초고성능 카메라보다 훨씬 뛰어난 성능

눈의 구조는 카메라와 비슷하다. **눈꺼풀은 렌즈 덮개나 셔터, 각막과 수정체는 렌즈, 홍채의 동공은 조리개, 망막은 필름(촬상소자)으로 비유할 수 있고**, 전방의 각막과 수정체에 비친 영상을 후방에 있는 망막에 초점을 맞춰서 사물이 보이는 메커니즘도 카메라와 동일하다.

초점은 수정체의 두께를 바꾸면서 자동조정하고, 카메라는 렌즈의 위치를 전후로 평행이동하면서 조정한다. 그렇다면 인간의 눈을 카메라에 비유하면 어느 정도 스펙이 될까?

화각은 50mm의 표준 렌즈가 인간의 눈으로 본 화각에 가장 가깝다고 한다. 사진의 화질 데이터 양을 나타내는 화소 수를 인간의 눈에 대응해보면 5억 7,600만 화소나 된다고 한다. 하지만 인간이 또렷하게 보는 것은 눈의 황반이 빛을 받아들이는 시야의 중심 2도 정도 범위로, 주변은 단지 감으로 느끼는 정도라서 주변 화소 수는 약 700만 화소라고 한다. 최근 카메라 화소 수는 2,000만 화소를 넘는 모델이 많아졌다.

또한 빛의 감도를 나타내는 ISO에서 인간의 눈은 밤에는 낮의 600배나 되는 감도라는 것이 밝혀졌다. 밝은 태양 빛 아래서 인간의 눈을 ISO25라고 하면, 어두운 곳에서는 ISO15,000이 된다. 카메라는 ISO의 수치가 클수록 노이즈(울퉁불퉁한 느낌)가 눈에 띄고 ISO12,800 정도가 한계라고 하지만, 인간의 경우에는 '뇌가 화상을 커버'하므로 노이즈에 신경 쓸 필요가 없다. 화이트밸런스(적절한 백색의 재현)도 뇌가 수시로 조정한다. 게다가 인간은 좌우 2개의 눈으로 들어온 영상을 하나의 영상으로 처리하기 때문에 사물을 입체적으로 보는 등, 초고성능 카메라 이상으로 성능이 뛰어나다고 한다.

눈과 카메라의 구조는 비슷하다!
카메라 렌즈는 수정체, 필름은 망막

눈과 카메라 구조의 비교

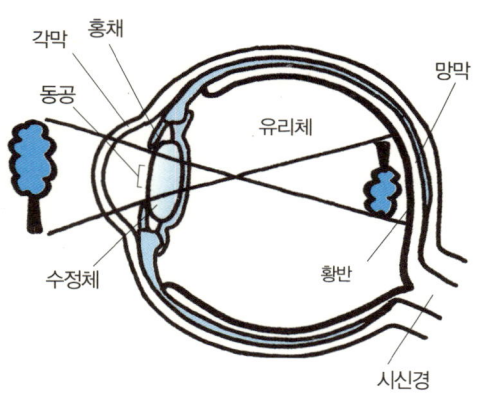

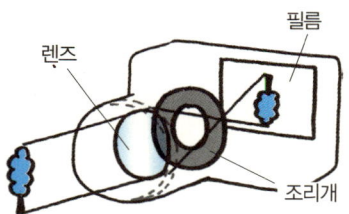

- **초점 조절**: 각막·수정체와 카메라 렌즈
- **노출 조절**: 홍채·동공과 카메라 조리개
  카메라에 담은 빛의 양을 수치로 나타낸 것이 F값
- **결상**: 망막과 카메라 필름 망막의 도립상인데, 정립상으로 변환한다.

인간의 눈으로 사물이 입체적(3D)으로 보이는 이유는

인간의 눈은 좌우 약 5~6cm 정도 떨어져 있다. (양안 시차) 좌우의 눈은 사물을 봤을 때 좌우 각각 다른 각도에서 보기 때문에 다른 화상을 보지만, 뇌가 그 화상을 정리해서 하나의 입체적 화상으로 인식한다. 3D 영상은 이런 눈의 구조를 이용해서 두 대의 카메라로 촬영한다.

스마트폰으로 인한 노안은 빠른 대처를!

최근 젊은 사람 사이에서 '가까운 글자가 잘 안 보인다'는 등의 노안과 비슷한 증상을 호소하는 사람들이 늘고 있다. 노안이란 수정체의 탄력성이 약해지고 조정력이 떨어지는 질환으로 마흔에서 마흔다섯 정도에 생기는 증상이다. 젊은 사람한테 나타나는 증상은 지나친 스마트폰 사용으로 인해 발생하는 일시적인 증상이지만, 반복되면 위험해질 수도 있으니 빠른 대처가 필요하다.

31 인종에 따라 피부나 눈, 머리카락의 색이 왜 다를까?

멜라닌 색소와 인류의 진화에 따른 환경의 변화

인간의 피부나 모발, 눈동자색의 차이는 '멜라닌(색소)'에 따라 정해지고, 이 색소를 많이 포함한 순서대로 모발색은 흑발·금발·백발이 되고, 피부색도 흑·황·백이 된다. 멜라닌 색소의 양이 인종에 따라 다른 이유는 자외선과 관련이 있다고 한다. 일사량이 많은 지역이나 일조시간이 긴 지역에서는 태양광에 포함된 유해한 자외선으로부터 피부나 머리카락·눈을 지키기 위해서 멜라닌 색소가 대량으로 생성된다.

햇볕에 탄 후 며칠이 지나면 피부가 까맣게 변하는데, 이것은 멜라닌 색소가 증가했다는 증거로 일시적으로 자외선으로부터 세포를 지키는 반응이기도 하다.

또한 우리가 평소 사람의 '눈동자 색'으로 인식하는 것은 '동공(검은 눈동자)' 주변에 있는 '홍채' 부분이다. 이 홍채 색을 정하는 것도 멜라닌 색소이다.

멜라닌 색소가 많으면 빛의 파장이 흡수되어 홍채 색은 진해지고 눈동자는 검은색과 갈색으로 보인다. 반대로 일사량(日射量)이 적은 유럽에서는 멜라닌 색소가 적기 때문에 빛의 파장이 흡수되지 않고 반사되어 파란색이나 초록색과 같은 밝은색이 된다. 눈동자색이 옅으면 빛이 잘 통과해서 눈부심을 쉽게 느낀다. 유럽인이나 미국인이 선글라스를 자주 쓰는 이유는 단순히 패션을 위함이 아니고, 멜라닌 색소가 적어서 빛에 민감하기 때문이기도 하다.

피부나 머리카락, 눈동자색의 차이는 기본적으로는 인류의 진화 과정에서 생겨났다. 강렬한 자외선이 내리쬐는 아프리카인들은 발암 작용을 막기 위해 멜라닌 색소를 많이 함유한 검은색의 피부를 가지고, 일조량이 적은 유럽과 미국에서는 멜라닌 색소 양을 줄이는 등, 환경에 순응해온 역사가 긴 세월 속에서 다양한 인종을 낳은 것이다.

> 인간의 피부나 눈동자색, 모발색의 차이는 멜라닌 색소로 결정된다
> 멜라닌 색소가 많으면 검은색, 적으면 흰색이 된다

피부가 검어지는 구조

멜라닌 색소가 많으면
검은색
= 자외선에 강하다

멜라닌 색소가 적으면
흰색
= 자외선에 약하다

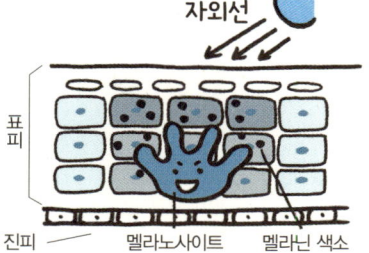

자외선
표피
진피 멜라노사이트 멜라닌 색소

피부에 자외선이 닿으면, 멜라노사이트(색소 세포)가 검은색의 주원인인 멜라닌 색소를 증가시킨다. 이 멜라닌 색소는 자외선으로부터 진피를 지켜주는 역할을 하지만, 과잉 반응을 하면 피부 기미의 원인이 된다.

멜라닌 색소와 머리카락, 눈동자 색의 관계

멜라닌 색소	많다	적다	거의 없다
머리카락 색	흑발	금발	백발
눈동자 색	갈색(브라운)	 녹색(그린) 회색(그레이)	 파란색(블루)

홍채

*눈동자 색이란 검은 눈동자 주위의 홍채 색

나이를 먹으면 멜라닌 색소를 만드는 힘이 없어져서 모발이 하얗게 된다.

찰칵

홍채 인식 시스템은 일란성 쌍둥이도 구분할 수 있다!

홍채 속의 가는 선상 모양은 주름의 일종으로 생후 2년 정도가 되면 성장이 멈추고 이후 변하지 않는다. 이 홍채는 왼쪽 눈과 오른쪽 눈도 일란성쌍둥이도 패턴이 다르다. 이 홍채 모양을 디지털화해서 개인의 특성을 정보화하는 방법을 '홍채 인식 시스템'이라 하고, 지문인식과 얼굴 인식을 훨씬 능가하는 정확함을 자랑한다.

32 콧구멍은 왜 두 개일까?

항상 한쪽 코가 막혀서 교대로 호흡한다

사람의 몸에는 눈·귀·손·발 등이 좌우대칭으로 두 개씩 있다. 얼굴 한가운데에 있는 코는 하나이지만, 구멍은 두 개 있다. 이것은 보기 좋은 형태를 위해서가 아닌, 아주 훌륭한 이유가 있다.

콧속에는 모세혈관이 풍부한 코선반이라는 부풀어 오른 점막이 있고, 몇 시간마다 좌우 교차로 충혈과 팽창을 반복한다. 팽창된 콧구멍은 공기가 통과하기 어렵기 때문에 **콧구멍은 실제로 한 쪽씩 좌우 교대로 호흡하는 것이다.**

이 코의 에너지절약 작업은 80% 정도의 사람한테 일어나고, '교대제 코순환과정(Nasal cycle)'라 불리는데 자율신경이 조절한다.

교대제 코순환과정이 생기는 이유에는 여러 가지 설이 있는데, **하나는 한 쪽 콧구멍을 쉬게 해서 호흡에 사용하는 에너지를 절약하기 위해서라는 것이다.**

콧구멍은 각각 좌우의 허파에 대응하면서 기관에 대량의 공기가 들어가는 것을 막아 허파가 호흡하는 데 적합한 온도와 습도를 조절한다.

또한 사람의 코는 상상 이상으로 많은 냄새를 구분할 수 있다. 지금까지 약 천 가지 종류의 후각 수용체가 있고 수천만 종류의 냄새 물질을 구분한다고 여겨졌지만, 최근 몇 년 동안 적어도 1조 개나 되는 종류를 구분할 수 있다는 연구가 발표되었다. 냄새를 인식하는 것은 공기 중의 부유물질을 구분하는 일이다. 개의 후각은 인간의 약 100만 배라고 한다.

콧구멍이 두 개인 덕에 식별이 어려운 냄새도 막힌 쪽 콧구멍을 공기가 천천히 통과하면 식별하기 쉬워지고, 더욱 많은 냄새를 구분할 수 있는 구조이다. 콧구멍이 두 개인 것에는 대단한 이유가 있었다.

사람의 한쪽 콧구멍은 언제 막힐까?
이유에는 여러 설이 있지만, 확실하지 않다

한쪽 콧구멍이 막혔다

(8할 정도의 사람한테 일어난다)
코선반이라는 점막으로 뒤덮인 주름이 팽창해서 한쪽 구멍을 막는다. 대체로 1~2시간마다 교대로 일어나고, 공기의 통로를 열거나 닫거나 한다.

한쪽 콧구멍이 막히는 이유에는 여러 설이 있다!

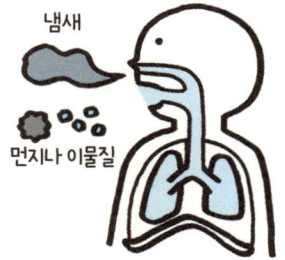

- 한쪽 콧구멍을 쉬게 해서 호흡으로 발생하는 에너지의 소비를 절약
- 막힌 코로 천천히 식별하기 어려운 냄새를 식별
- 바이러스와 같은 세균의 침입을 막기 위해서

만약 콧구멍이 하나라면?!

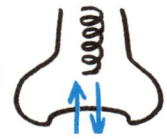

- **호흡하기 어려워진다**
  콧구멍에서 스크루처럼 밀어내는 힘이 생겨서 호흡하기 어려워진다.
- **많은 냄새를 구분하기 어려워진다**
  1조 개나 되는 종류의 냄새를 구분하려면 하나의 구멍으로는 작업이 과부화해서 기능이 저하된다.
- **먼지나 이물질을 제거하기 어려워진다**
  점막 면적이 넓으면 넓을수록 먼지나 이물질을 제거할 수 있다. 비중격으로 경계를 만들어서 콧구멍을 양쪽으로 나누어 면적을 넓혔다.

한쪽 콧구멍 호흡법으로 자율신경을 조절해서 시원하게 하자!

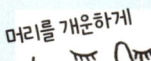

한쪽 콧구멍으로 호흡하는 방법 → 5회 반복한다.
① 엄지로 오른쪽 코를 막고, 왼쪽 코로 천천히 숨을 내뱉는다.
② 천천히 숨을 들이마신 후 중지로 왼쪽 코를 막는다.
③ 그리고 엄지를 떼고, 오른쪽 코로 천천히 숨을 내뱉는다.
④ 다시 숨을 들이마시고, 엄지로 오른쪽 코를 막고 중지를 뗀다.

33 피겨선수가 회전할 때 어지러움을 느끼지 않는 이유는 뭘까?

연습의 축적으로 생기는 신경물질이 도와준다!

사람이 평행을 유지할 수 있는 이유는 귀속에 있는 '반고리관'이라 불리는 반원형의 세 개의 고리(세반고리관)와 '안뜰기관'의 기능이 있기 때문이다. 그런데 사람이 회전하면 반고리관에서 몸의 회전을 감지한다.

세 개의 반고리관에는 각각 림프액과 젤라틴 물질로 이루어진 '팽대정'이 있고, 팽대정 밑에는 융털이 길게 자란 감각세포가 밀집해 있다. 머리를 돌리면 림프액이 흘러 팽대정이 기울어지는데, 이런 움직임이 안뜰신경에서 뇌로 전달되어 빙글빙글 도는 것처럼 느끼게 된다. 한편 안구는 반사적으로 회전 방향과 반대 방향으로 움직인다. 머리가 움직여도 눈에 보이는 형상이 흔들리지 않기 위해서인데, 회전이 계속되면 움직임을 따라갈 수 없게 되면서 안구가 경련하는 것처럼 흔들리는 '눈동자 떨림'을 일으킨다. 회전이 멈춰도 림프액의 흔들림은 멈추지 않기 때문에 아직 몸이 회전하고 있다는 정보가 전달되면서 눈이 계속 돌아가고 어지러움을 느끼는 것이다.

발레에는 어지러움을 극복하는 방법으로 '스포팅'이라는 기술이 있다. 회전할 때 멀리 한 곳에 시선을 고정한 후에 몸을 회전할 때는 끝까지 그 지점을 보고, 머리를 회전할 때는 한 번에 돌아 다시 그 지점을 보는 기술이다.

그러나 빙상 위에서 회전하는 피겨스케이팅의 경우에는 발레보다 속도가 빨라서 스포팅만으로는 안 된다. 그래서 머리와 눈을 되도록 움직이지 않게 고정하는데 우회전할 때는 오른쪽, 좌회전할 때는 왼쪽으로 눈동자를 쏠리게 하여 주변 경치를 흘러가듯 보면서 최대한 눈의 움직임을 억제한다고 한다. 하지만 연습으로 몸이 조금씩 익숙해지면, 'GABA'라는 억제성 신경 전달 물질이 분비되면서 눈의 회전을 통제하여 어지러움을 느끼지 않게 된다.

피겨스케이팅 선수는 몇 번을 돌아도 어지럽지 않다
연습으로 몸이 익숙해지면 억제성 신경 전달 물질이 나온다

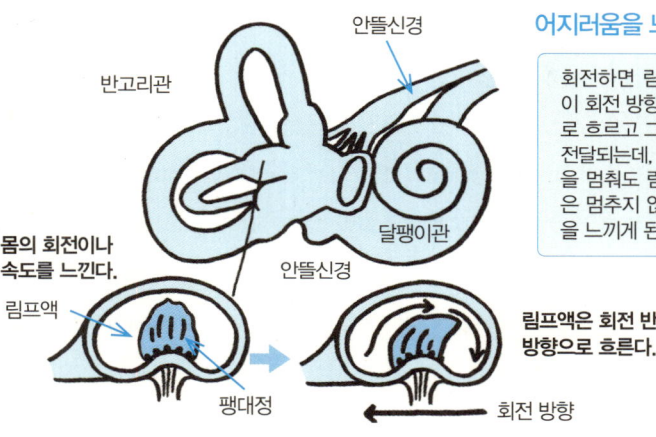

어지러움을 느끼는 구조

회전하면 림프액과 팽대정이 회전 방향과 반대 방향으로 흐르고 그 움직임이 뇌에 전달되는데, 몸이 회전 동작을 멈춰도 림프액의 흔들림은 멈추지 않아서 어지러움을 느끼게 된다.

어지러움을 극복하는 방법

피겨스케이팅 선수의 경우

머리와 눈을 최대한 움직이지 않도록 고정해서 우회전할 때는 오른쪽으로, 좌회전할 때는 왼쪽으로 눈동자를 쏠리게 하여 주변 경치를 흘러가듯 보면서 눈의 움직임을 억제한다. 연습하면 'GABA'라는 눈의 회전을 통제하는 억제성 신경전달물질이 분비된다.

발레리나의 경우

스포팅이라는 기술이 있다.

스케이팅의 점프는 체중의 5~8배의 충격

화려한 무대를 매료시키는 피겨스케이팅 선수의 꽃은 점프. 착륙할 때 가해지는 힘은 체중의 5~8배라고 한다. 달리기에서 다리가 지면에 닿을 때 힘이 체중의 2~3배라는 것과 비교하면 대단한 부담이고 충격이다. 몸의 유연함과 몸통의 단단함, 뛰어난 균형 감각이 필요한 경기이다.

34. 손톱은 건강의 신호등이란 무슨 뜻일까?

손톱은 영양 부족이나 컨디션 악화의 영향을 받기 쉽다

손톱은 '케라틴'이라는 단단한 단백질로 이루어진 피부의 일종으로 손톱 뿌리에 있는 반달형의 '손톱기질'로부터 만들어진다. **몸의 말단에 있고 말초혈관이 모여 있는데, 영양분이 전달되기 어려워서 영양 부족이나 건강에 따른 영향을 받기 쉬워 손톱 색깔과 상태에 따라서 자신의 건강 상태를 확인할 수 있다.** 손톱에 특징적인 변화가 생기는 질환도 있으므로 기억해두면 편하다.

손톱에 생긴 가로줄은 건강이 나쁘거나 스트레스의 영향으로 손톱의 성장이 일시적으로 정체된 것을 나타낸다. 손톱은 하루에 0.1mm씩 자란다고 하므로 손톱 뿌리에서 줄까지 길이를 재보면, 건강이 나빠진 시기를 알 수 있다. 가는 세로선이 보일 때는 노화로 인한 것으로 딱히 걱정할 필요는 없지만, 손톱이 부서질 것처럼 세로선이 선명하게 보인다면 혈액 순환 장애일 가능성이 있다.

또한 손톱 색깔이 변했을 때도 주의할 필요가 있는데, 손톱이 하얗고 탁한 원인으로 가장 많은 것은 조백선(손톱 무좀)이지만, 손톱이 하얗고 탁하면서 불투명한 유리처럼 될 때는 만성적인 신장 장애나 간 경변증, 창백한 푸른빛일 때는 철 결핍성 빈혈, 보라색은 심장과 허파질환 이 있는 사람에게 나타나는 증상이다.

손톱이 얇아지면서 가운데가 둥글게 패여 **스푼처럼 된 '스푼 손톱'은 철결핍성 빈혈일 때 많이 나타나는데, 목에 붓기를 동반할 때는 갑상샘기능항진증도 생각할 수 있다.** 손가락 끝이 곤봉처럼 뭉툭해진 **'곤봉지'**는 혈액 순환 장애로 손가락 끝에 혈액이 쌓이는 게 원인으로, 선천성 심장병이나 만성 폐 질환, 경우에 따라서는 폐암도 의심 할 수 있다.

손톱 색깔과 형태로 건강 상태를 체크한다
손톱 밑에는 말초혈관이 많이 모여 있어서 혈액 순환의 영향을 받기 쉽다

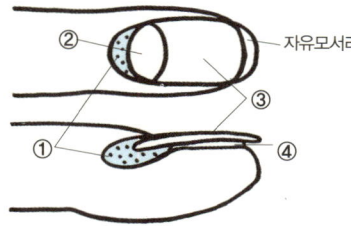

먼저 손톱의 구조를 알아두자

① **손톱기질**: 손발톱의 뿌리로 손톱몸통을 만들어낸다. 혈관과 신경이 있고, 여기에서 손톱을 만든다.
② **손톱반달**: 손톱몸통 뿌리 부분의 반달형 유백색 부분. 새로 생긴 손톱몸통으로 수분이 많다.
③ **손톱몸통**: 보통 손톱이라 부르는 부분으로, 단단한 케라틴(단백질)으로 이루어져서 손가락 끝을 보호한다.
④ **손톱바탕질**: 손톱 바닥. 피하조직의 일부. 손톱의 형성과 유지에 필요한 수분이나 영양분을 공급한다.

손(발)가락 끝의 보호 외에도 중요한 역할이 있다
- **물건을 잡을 때**: 손톱이 없으면 손가락 끝에 힘이 들어가지 않는다.
- **걸을 때**: 지면을 찰 수도 지면의 힘을 받을 수도 없다.

손톱 색깔과 형태로 건강 체크!

핑크색
건강

보라색
심장병
폐질환

하얀색
빈혈
간질환

노란색
노란색 손톱 증후군
(림프계의 이상)

붉은색
동맥경화
다혈증

검은색
피부암의 가능성
(손톱 멜라노머)

세로줄
노화현상·혈액 순환 장애
(손톱이 부서진다)

가로줄
건강불량·스트레스
심부전(흰색 가로줄 한 줄)

백탁
조백선
(손톱 무좀)

곤봉지
폐렴·폐암의 가능성

스푼 손톱
철 결핍성 빈혈

여기에 적어 놓은 증상은 어디까지나 하나의 지표이므로 해당하는 분은 전문의한테 적절한 진단을 받기를 권한다.

손톱이 자라는 속도는 부위나 환경에 따라 다르다

- 건강한 성인은 하루에 0.1mm, 유아·고령자는 0.07~0.08mm 자란다.
- 발톱이 더 얇고, 자라는 속도가 느리다(손톱은 발톱의 2~3배 빠르다).
- 오른손은 왼손보다 빨리 자란다. 손가락 중에서는 검지가 빨리 자라고, 중지, 약지, 엄지, 새끼손가락 순서
- 겨울보다 여름, 밤보다 낮에 자라는 속도가 빠르다.

기네스북에 기록된 세계 최고 손톱이 긴 남자
66년간 길러서 909.6cm (모든 손톱의 길이 합계)

35 피부 호흡을 못하면 죽는다는 말은 진짜일까?

사람은 허파와 심장의 활동으로 온몸에 산소를 보낸다!

피부는 일반 성인의 경우 면적이 약 1.6~2㎡, 대략 다다미 한 장(약 1.6㎡-옮긴이)이나 되는 크기로 인체에서 가장 큰 장기이다.

외부의 다양한 자극으로부터 몸을 보호하고 혈관의 확장과 수축, 발한으로 인한 체온 조절이나 지방과 오래된 각질의 배출 등 다양한 기능이 있다.

화장으로 인해 피부 호흡을 못 하면 피부가 망가진다거나, **몸에 금가루를 바른 퍼포먼스는 피부 호흡이 어려워 단시간밖에 못한다거나 하는 '도시전설'이 전해지는 것처럼 피부 호흡을 못 하면 생명에 지장이 있다고 믿는 사람이 많은 듯하다.**

지렁이나 거머리와 같이 특별한 호흡기가 없는 생물은 피부 호흡에 의지할 수밖에 없지만, 아가미 호흡을 하는 뱀장어 중 약 70%, 양서류인 개구리 중 약 30~50%, 조류는 1% 이하로 진화와 더불어 피부 호흡의 비율은 낮아졌다. **인간의 경우 피부 호흡의 비율은 겨우 0.6%에 지나지 않고, 피부의 모세혈관에도 허파 호흡으로 산소를 공급하기 때문에 만약 피부 호흡을 못 하게 되어도 문제는 없다.**

과거 물고기에서 진화된 동물이 육지에서 생활하기 위해서는 수분의 증발을 막고, 건조함에도 견뎌낼 수 있는 튼튼한 피부가 필요했다. 조류나 포유류는 피부 호흡에 의지하는 것을 멈추고 물가에서 멀어지면서 육지 생활에 적합한 두꺼운 피부를 얻게 되었다. 그리고 인간은 허파에 공기를 넣고 심장에서 온몸에 산소를 보내는 시스템으로 몸 구석구석까지 산소를 공급할 수 있었다. 그 결과 몸집이 너무 커진 인간은 피부 호흡으로 생명을 유지하기 어려워졌고, 대신 허파 호흡으로 인해 허파꽈리(폐포)에서 '가스 교환'이 이루어지게 된 것이다.

인간은 허파꽈리에서 산소와 이산화탄소를 교환한다!
피부 호흡을 못 하면 죽는다는 말은 잘못된 소문

허파 호흡

'가스 교환'은 허파꽈리와 모세혈관 사이에서 이루어진다

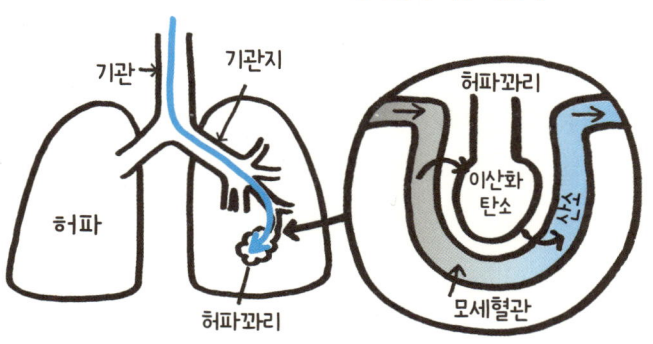

한 번 호흡으로 500㎖ 페트병 약 1병의 공기를 들이마시거나 내뱉거나 한다.

세포와 모세혈관 사이에서 산소와 체내의 이산화탄소를 교환하는 것을 '가스 교환'이라고 한다.

생물의 호흡

지렁이 | 피부 호흡
- 피부의 모세혈관으로 산소를 공급 받고 이산화탄소를 방출

개구리 | 허파 호흡과 피부 호흡
- 동면 중에는 70%가 피부 호흡

올챙이 | 아가미 호흡
- 성장함에 따라서 피부 호흡과 허파 호흡으로 변하고 물속에서 물가로 이동

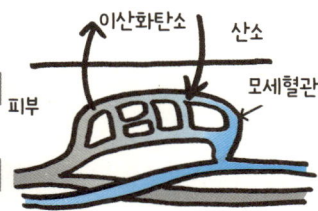

화상은 피부 손상으로 인한 합병증에 각별한 주의

피부의 체표면적 60% 이상이 손상되는 중화상을 입으면 사망률이 50%를 넘는다고 한다. 그러나 화상의 공포는 피부의 손상만이 아닌 화상으로 인한 합병증이다. 탈수 증상이나 쇼크 증상, 장기 장애, 특히 최근에는 감염증으로 인한 패혈증이 증가하고 있다.

36 대머리와 대머리가 아닌 사람은 무엇이 다를까?

호르몬과 유전, 두 가지 요소와 큰 관련이 있다

머리카락의 성장에는 유전과 호르몬, 두피(머리덮개)의 혈액 순환 장애, 식생활, 스트레스 등 다양한 요인이 작용하는데, **대머리 여부를 결정하는 것은 '호르몬'과 '유전'이 가장 큰 요인이다.**

체모의 굵기나 양은 호르몬으로 결정된다. 사춘기가 되면 분비가 활발해지는 남성 호르몬은 수염이나 가슴 털의 발모를 촉진하지만, 왜 그런지 머리카락에는 역작용한다. 머리의 모유두(毛乳頭)에 있는 남성 호르몬 수용체가 다른 부위의 모유두와 달리 **남성 호르몬 자극에 대해 '탈모' 지시를 내리기 때문이다.** 여기에는 '디하이드로테스토스테론(DHT)'이라는 남성 호르몬이 관계하고 있다.

DHT는 태아가 남아의 경우 남성기의 발달에 큰 영향을 미치지만, 출생 후에는 두드러지는 역할이 없다가 성인 후에 지나치게 증가하면 수염 등의 체모를 늘리면서 머리털의 모낭이 약해져서 머리카락이 얇아진다. 그러다 모낭에서 머리카락이 재생되지 않으면 대머리가 발생하는 것이다.

DHT가 왜 이런 작용을 하는지는 밝혀지지 않았지만, **사춘기 이후에 머리카락이 나는 언저리나 정수리의 머리카락 중 한쪽, 또는 양쪽 모두 줄어드는 'AGA(남성형탈모증)'의 원인이라고도 하는데, DHT는 별칭 '탈모 호르몬'이라고도 불린다.**

또한 대머리에는 어떤 종류의 유전자가 관계한다는 사실도 밝혀졌다. **현재 밝혀진 대머리의 원인이 되는 유전자는 X염색체에 있다.** 남성에는 X염색체가 한 개뿐이라서 대머리에 관한 유전 정보는 모친한테 받게 되는데, 여성에는 2개의 X유전자가 있어서 부모 중 한 사람한테 '대머리가 되기 어려운 유전자'를 물려받을 가능성이 있다. 그래서 여성은 남성에 비해 대머리가 될 확률이 낮지만, 외할아버지의 대머리 유전자는 손자한테 유전된다고 한다.

박모(숱이 적은 머리), 탈모는 호르몬과 유전이 관여한다!
남성형 탈모증은 유해 남성 호르몬인 DHT가 원인

남성형 탈모증(AGA)이 생기는 구조

탈모와 대머리의 원인 대부분은 AGA

기름샘에서 분비된 5알파-리덕테이스와 남성 호르몬이 결합, 탈모 원인이 되는 유해 남성 호르몬 DHT를 생성

정수리와 머리카락이 나는 언저리에 생긴다.

FAGA(여성 남성형탈모증)은 여성 호르몬인 에스테로겐의 감소가 원인. 두피 전체의 볼륨이 줄어드는 것이 특징

외할아버지가 탈모라면 자신도 대머리가 된다는 설(AGA의 경우)

탈모(대머리) 유전자는 X염색체에 있다. 아버지(외할아버지)한테 탈모 유전자가 있는 딸(엄마)은 탈모 유전자가 내재하고, 남자아이에게 유전된다. 즉, 어머니한테 물려받은 탈모 유전자는 모계 쪽 조부한테 유전된 것이다. 이것을 '격세 유전'이라고 한다.

대머리의 징조는 우수한 능력과 튼튼한 육체의 증거!

박모의 원인인 남성 호르몬에는 남성다운 육체와 뛰어난 지능을 높이는 작용이 있다는 사실이 밝혀졌다. 즉, 머리숱이 적은 것은 튼튼한 육체와 지능, 높은 생식 능력을 증명한다고 한다. 장래 대머리가 될 것 같다고 비관할 필요는 없어 보인다.

COLUMN

매운맛은 미각이 아닌 감각으로, 두뇌에서 통증으로 인식된다?!

고춧가루나 고추냉이, 생강, 산초 등으로 대표되는 자극적인 맛을 '매운맛'이라고 하는데, 사실 매운맛은 '미각'이 아니다. 인간의 혀에 있는 미뢰에서 느끼는 감각은 단맛·감칠맛·짠맛·쓴맛·신맛의 '기본 오미(五味)'로 불리는 다섯 가지 맛이다. 매운맛은 이러한 5미와는 감지하는 세포(수용체)가 다르고, 음식물이 입안에 닿는 감각이나 통증, 온도변화에 반응한다.

즉 매운맛은 이러한 '감각'이나 '온각'으로 파악하는 '감각'이다. 매운 성분은 크게 나누면 고춧가루나 생강처럼 입안이 따끔따끔한 열을 느끼는 '뜨겁다'고 하는 매운맛과 고추냉이나 겨자와 같이 코끝이 찡해지는 '알싸한' 맛이라 불리는 매운맛이 있다. 뜨거운 계열의 매운맛은 열자극 수용체로 감지되어 먹고나서 몇 초가 지나면 맵다는 느낌이 들고 좀처럼 매운맛이 가라앉지 않지만, 알싸한 계열의 매운맛은 냉자극 수용체로 자극되어 입에 넣은 순간 매운맛을 느끼지만 비교적 빨리 가라앉는 것이 특징이다. 또한 뜨거운 계열의 매운맛은 먹으면 통증을 가라앉히는 작용이나 행복감을 일으키는 엔도르핀이나 도파민이 방출된다. 매운 음식을 좋아하는 사람이 더 매운 음식을 찾는 이유도 이런 까닭이다.

제 5 장

몸을 지탱하고 움직이게 하고
외형을 만드는

근력·골격과 운동의 신비

37 어른이 되면 왜 키가 크지 않는 걸까?

뼈의 성장판이 사라지면 키 성장도 멈춘다!

사람의 몸은 온몸의 뼈가 조금씩 성장하면서 자란다. 성장기 아이의 뼈 양 끝에는 '**성장판**'이라 불리는 연골층이 있다.

여기에서는 뼈를 만드는 '연골세포'나 '골아세포', '뼈파괴세포'가 대량으로 존재하고, 이러한 성장 호르몬의 자극으로 활성화되면 분열을 반복하면서 조금씩 뼈가 길어지고 성장한다.

또한 사춘기가 되면 성장 호르몬에 골아세포의 활동을 높이는 '성장 호르몬'이 늘어나면서 신장(뼈)도 한번에 늘어난다.

그러나 성장판의 연골세포는 어느 정도 뼈가 성장하면 분열을 멈춘다. 키 성장이 멈추는 시기는 여성이 15세~16세, 남성은 18세 정도라고 하지만, 다소 개인차가 있고 20세 정도까지 자라는 사람도 있다.

사춘기가 되면 최종 신장은 대체로 결정된다. 그러나 뼈 양 끝 부분에 있는 성장판에서 '뼈끝선'이 확인되면 아직 키 성장의 여지가 있다.

뼈끝선은 20세가 넘은 시점부터 서서히 뼈로 변해서 하얗게 되다가 마침내 사라져버린다(뼈끝선이 폐쇄된다). **뼈끝선이 사라지면 키 성장은 거기서 멈춘다.** 키가 자라지 않아도 척추는 20세, 손발 뼈는 30세까지 뼈의 양이 늘어나면서 어른의 몸을 만들어간다.

키는 전부 유전으로 결정된다고 생각하는 분도 많을 것이다. 물론 유전적인 요소도 있지만 수면, 운동, 식사, 스트레스와 같은 후천적인 환경요소도 큰 요인이 된다.

'잘 자는 아이가 잘 큰다'는 말처럼 성장 호르몬이 분비되는 것은 자고 있는 동안이다. 성장을 위해서라도 질 좋은 수면이 중요하다.

성장판이 확인되면 아직 키는 자란다!
뼈의 양 끝 부분에 있는 연골세포의 분열이 멈추면 키 성장이 멈춘다!

어른이 되면 키 성장이 멈추는 이유

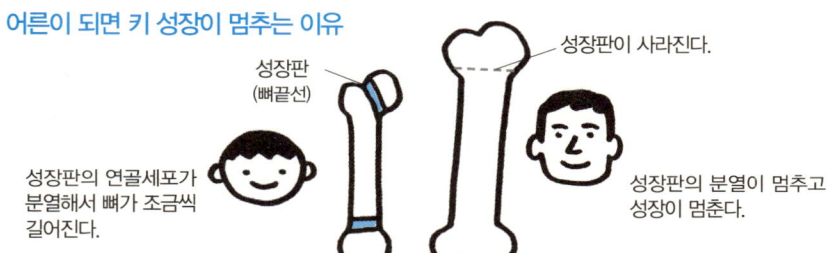

성장판의 연골세포가 분열해서 뼈가 조금씩 길어진다.

성장판 (뼈끝선)

성장판이 사라진다.

성장판의 분열이 멈추고 성장이 멈춘다.

뼈에 관한 소문의 진실과 거짓

키는 아침과 밤에는 약 2cm 정도 다르다

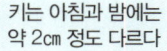

○ 척추에 있는 23개의 척추사이원반이 낮에 서서 생활하는 동안에는 중력으로 조금씩 눌려서 줄어들지만, 자고 있는 동안에는 원상태로 돌아온다.

척추사이원반
아침
밤

잘 자는 아이는 잘 큰다

○ 성장 호르몬은 수면 중에 가장 많이 분비된다.

근육 트레이닝은 뼈를 강하게 한다

○ 체중 부담은 뼈를 강화해서 운동기능의 저하를 막는다.

어렸을 때 운동을 많이 하면 키 성장이 멈춘다

✕ 뼈가 자라는 동안에는 운동을 해도 근육에는 별로 영향을 주지 않는다. 고등학생이 되면서 몸이 어른에 가까워지면 근육 트레이닝 효과가 나타난다.

아이의 다리 통증 '성장통'

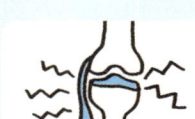

30% 정도의 아이가 경험한다.

저녁 무렵부터 밤에 걸쳐 갑자기 무릎을 중심으로 다리가 눈물이 날 정도로 아프다가 아침에는 싹 사라지는 경험이 있을 것이다. 성장통이라는 통증은 3세 정도부터 초등학교 저학년에 많고, 성장하는 뼈의 통증이나 심리적인 스트레스가 원인이라고 한다. 마사지하거나 따뜻하게 안아주면 효과가 있다.

38 뼈는 살아있다 '회춘하는 장기'!

뼈에서 나온 회춘의 메시지 물질이 기억력과 정력을 높인다

오랫동안 뼈는 '몸을 지탱하고 내장을 보호하는 칼슘 덩어리'라 여겨졌는데, 최근에는 뼈에서 나온 메시지 물질이 뇌나 몸에 작용해서 다양한 기능을 유지·향상시킨다는 사실이 밝혀졌다.

특히 '골아세포'가 분비하는 단백질 중 하나인 '오스테오칼신'은 '기억력'과 '근력', 그리고 남성의 '정력' 등을 향상시키고, '활성탄소 제거'나 '피부 활성화'에도 효과가 있는 '회춘 물질'로 주목을 받고 있다. 오스테오칼신은 뼈에 0.4% 정도 함유된 물질인데, 미량이 뼈에서 혈관을 통해 온몸으로 전달되어 뇌나 근육, 정소 등에 작용한다. 또 마찬가지로 골아세포가 내는 '오스테오폰틴'이라는 단백질도 노화나 면역에 관련되는 물질이다. 오스테오폰틴이 감소하면 골수의 면역세포 양이 줄고 면역력이 떨어지면서 암에 걸릴 위험이 커진다고 한다.

골다공증(뼈엉성증)도 뼈가 분비하는 '스클레로스틴'이라는 물질의 비정상적인 발생이 원인일 가능성도 높고, 고령자만 생기는 질병이 아니라고 여겨진다.

그런데 '뼈세포'를 늘려서 골다공증을 막는 대표적인 음료가 우유인데, 최근에는 많이 마시면 오히려 골다공증 초기 증상을 일으킨다는 설도 있다. 우유는 1L에 대략 1,200㎎의 칼슘이 함유되어 있지만, 칼슘의 체내 대사를 도와주는 마그네슘이 거의 없기 때문에 많이 마시면 체내 미네랄 균형이 무너질 가능성이 있다고 한다. 그러나 과학적으로 실증된 바는 없다.

뼈는 항상 신진대사를 반복하면서 매일 조금씩 교체된다. **온몸의 뼈가 교체되는 데 걸리는 시간이 성인은 대략 3년 정도라고 하니, 평소 뼈의 양을 늘려서 뼈를 단단하게 만드는 노력을 게을리하면 안 된다.**

칼슘 덩어리·뼈는 회춘 장기였다!
기억력, 근력, 정력, 면역력 향상

뼈가 분비하는 회춘 물질이 젊음을 유지하게 한다

운동으로 뼈에 부담을 주면 골아세포에서 메시지 물질이 분비된다.

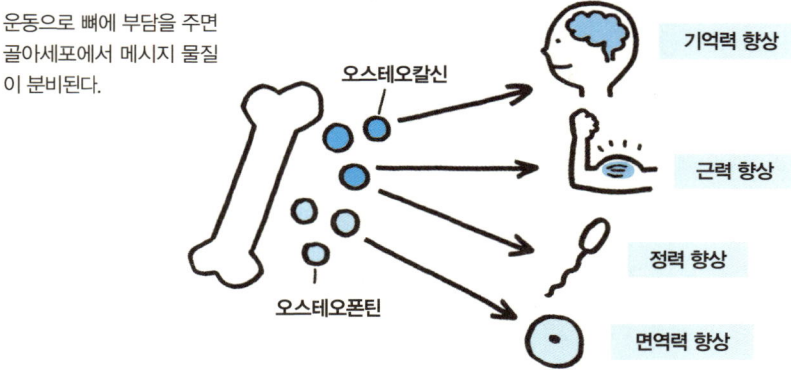

골다공증도 뼈에서 내는 메시지 물질이 관여!

뼈에 계속 충격을 주지 않으면, 뼈세포가 '스클레로스틴'이라는 골다공증의 원인이 되는 물질을 대량으로 발생시킨다.

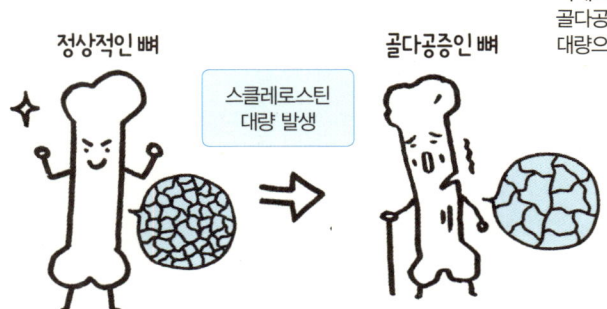

골다공증의 예방에는 까치발 운동!

골다공증을 예방하는 대표적인 음료는 우유이지만, 최근에는 많이 마시면 역으로 골다공증의 초기증상을 일으킨다는 설도 있다. 그래서 권하고 싶은 것이 양다리의 발꿈치를 들었다 내리는 '까치발 운동'이다. 그러나 너무 세게 하면 오히려 무릎과 허리에 통증을 유발할 수 있으므로 약하게 시작해서 점점 강도를 높이면 된다.

39 운동하지 않으면 근육과 몸은 어떻게 될까?

원상태로 되돌리려면 3배 이상의 시간이 걸린다!

뼈가 부러져서 깁스를 풀면 팔이나 다리가 극단적으로 얇아지는 것처럼, 근육은 사용하지 않으면 퇴화하는 특징이 있다.

어떤 실험에서 겨우 2주 동안 다리를 움직이지 않았을 뿐인데, 젊은 사람은 28%, 고령자는 23%의 근력 저하 결과가 나왔다고 한다. 게다가 젊은 사람은 485g, 고령자는 250g의 근육이 감소해서 원래 근육량이 많았던 사람일수록 영향이 컸던 것이다. 그리고 고령자의 경우에는 주 서너 번의 트레이닝을 6주 동안 지속해도 근력은 원래대로 돌아가지 않고, 원상태로 되돌리려면 3배 이상의 시간이 필요하다고 한다.

고령자의 경우에는 질병이나 사고로 장기 입원해서 안정을 취하고 누워 지내는 기간이 길어질수록 근육이나 관절, 장기의 운동 기능이 떨어지는 '폐용증후군'이 되기 쉽다. 그리고 몸이 생각대로 따라주지 않는다며 가만히 있다가 결국 우울증에 걸리거나 일어나지 못하게 되는 경우가 많고, 생활의 질(QOL)이 떨어지는 악순환을 초래한다.

게다가 운동 부족으로 떨어진 체력을 향상시키려면 걷기와 같은 유산소 운동은 물론 근력에 부담을 주는 웨이트트레이닝이 필요하기 때문에 고령자에게는 높은 장애물이 된다.

다이어트를 하여 단기간에 체중이 줄었다고 기뻐하는 사람이 많은데, 그것은 근육량의 감소로 체중도 줄면서 생긴 현상으로 다이어트 효과가 아니다. 다이어트로 에너지가 부족해지면 처음에는 근육량이 줄어든다. 그다음에 지방이 분해되고 연소하면 지방량도 감소한다.

근육은 나이와 상관없이 늘릴 수 있다. 우선은 운동 부족의 해소가 중요하다.

> 2주 동안 운동하지 않으면 20대 젊은 사람의 근력은 중장년 수준이 된다!
> 고령자는 오랫동안 안정을 취하고 누워서 지내면 '폐용증후군'의 가능성도

2주 동안 운동하지 않으면…

젊은 사람은 근력의 약 3분의 1, 고령자는 약 4분의 1 저하

원상태로 되돌리려면 젊은 사람은 3배, 고령자는 그 이상의 트레이닝 기간이 필요

폐용증후군의 주요 증상

- 근력 저하 / 뼈의 위축
- 심장·허파 기능의 저하
- 욕창 / 관절 구축
- 우울증 상태 / 치매

근육과 지방의 관계를 알아두자!

같은 체중이라도 외형이 다르다.

근육 트레이닝에서 신경 쓰이는 부분은 체중의 감소만이 아닌, 외형의 변화. 같은 부피의 근육은 지방보다 약 1.2배 무겁다고 한다. 왜냐하면 밀도가 다르기 때문에 같은 무게일 경우 지방이 부피가 커서 외형적으로 큰 차이가 나타난다. 근육과 지방은 다른 물질로, 근육은 지방으로 변하지 않기 때문에 지방을 소비하려면 몸을 움직여서 에너지를 소비할 필요가 있다.

40 근육에 적색 근육과 백색 근육이 있는 이유는 뭘까?

지구력이 있는 지근과 순발력이 있는 속근이 있다!

근육은 크게 '민무늬근', '심근', '뼈대근'의 3종류로 나눠진다. 민무늬근은 내장과 혈관의 근육, 심근은 심장의 근육, 뼈대근은 몸을 움직이는 근육이다.

뼈대근은 '근섬유'라 불리는 직경 약 20~100㎛의 가는 섬유 모양의 근원 섬유로 이루어져 있고, 이 근원 섬유 하나하나가 고무처럼 신축하면서 몸을 움직이게 한다. **트레이닝으로 '근육이 붙는다'는 것은 이 근섬유가 두꺼워지는 것이다.** 운동을 하면 가는 근섬유는 손상되지만, 단백질로 복구되어 전보다 더 두꺼워지면서 강화된다. **근섬유에는 '적색근육'이라 불리는 붉은 근섬유와 '백색근육'이라 불리는 흰색 근섬유의 2종류가 있다.** 색의 차이는 '미오그로빈'이라는 근섬유에 산소를 저장하는 색소 단백질량의 차이로 적색근육은 백색근육보다 색소가 많고, 산소를 많이 저장하고 있어서 붉고 잘 피로해지지 않는다. 적색 근육과 백색 근육은 수축 속도의 차이에 따라 '**지근**(遲筋)', '**속근**(速筋)'으로 불리기도 한다.

수축 속도가 느린 적색 근육(지근)은 적은 에너지로 수축을 계속할 수 있기 때문에 장시간의 지속적인 운동에, 수축 속도가 빠른 백색 근육(속근)은 순식간에 큰 힘을 발휘할 수 있기 때문에 순발력이 필요한 운동에 적합하다.

붉은살 생선인 참치가 큰 바다를 쉬지 않고 수영하는 회유어이고, 흰살 생선인 넙치는 먹이를 잡을 때나 적으로부터 도망칠 때만 재빠르게 움직이는 것을 생각하면 이해하기 쉽다. 지구력이 필요한 마라톤 선수는 적색 근육이 많고, 순발력이 필요한 단거리선수는 백색 근육이 많은 이유는 종목에 따라 요구되는 근육이 다르기 때문이다.

뼈대근에는 성질이 다른 근육이 있다!
지구력이 있는 적색 근육(지근)과 없는 백색 근육(속근)

근육의 종류

뼈대근
몸을 움직이는 근육
이 근섬유에 적색 근육과 백색 근육이 있다.

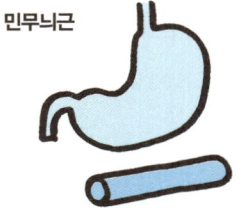

민무늬근
위나 장, 혈관 등의 근육

심근
심장의 근육

백색 근육과 적색 근육의 차이

백색 근육
흰살 생선인 넙치

- 순발력이 필요한 운동에 적합하고, 속근(빠른섬유)이라고 한다.
- 근섬유는 두껍고, 큰 힘을 낸다.
- 쉽게 피로해진다.
- 단거리 선수에 많다.

적색 근육
붉은살 생선인 참치

- 지구력이 필요한 운동에 적합하고, 지근(느린섬유)이라고 부른다.
- 근섬유가 가늘고, 낼 수 있는 힘은 작다.
- 잘 피로해지지 않는다.
- 마라톤 선수에 많다.

스쿼트

트레이닝으로 '분홍 근육'을 만든다!

적색·백색 근육 두 개 근육의 중간에 위치하고, 지구력과 순발력을 겸비한 분홍 근육이 주목을 받고 있다. 분홍 근육은 누구에게나 있는 게 아니고, 트레이닝으로 만들 수 있다고 한다. 이 분홍 근육을 가진 대표적인 존재는 순발력과 지구력을 모두 갖춘 운동선수들이다. 분홍 근육을 단련하는 트레이닝은 스쿼트가 최적이라고 한다.

41 관절에서 딱딱 나는 소리의 정체는 뭘까?

> 관절액의 기포가 한번에 튀는 소리라는 설이 유력

무릎을 구부리고 펴거나 스트레칭을 할 때 관절에서 '딱'하는 소리가 나는 경우가 있다. '**크래킹**'으로도 불리며 손가락 관절을 비롯해 목이나 턱, 손목, 팔꿈치, 무릎 등 다양한 관절에서 나타나는 현상이다.

이 소리의 정체에 대해서는 오랫동안 여러 가지 설이 있었지만, **최근 연구에서는 관절액(활액)의 작은 기포가 붕괴하면서 발생하는 소리라는 설이 유력하다.**

관절은 '관절주머니'라는 주머니로 감싸고 있고, 뼈와 뼈 사이에 있는 작은 틈은 윤활유의 역할을 하는 '관절액(활액)'으로 채워져 있다. 손가락을 당기거나 갑자기 관절을 꺾으면 뼈와 뼈 사이는 벌어지지만, 관절액의 양은 변하지 않기 때문에 관절주머니 속의 압력이 갑자기 떨어진다. 그러면 관절액 속에 이산화탄소와 같은 가스가 생기면서 기포가 발생한다. 이것은 밀봉된 상태에서 압력이 떨어지면 안에서 기포가 발생하는 액체의 성질 때문이다. **그리고 관절 속 뼈가 더 벌어지면, 이 기포가 한번에 이동해서 튀는데, 그 소리가 주위의 연골이나 뼈, 관절주머니, 힘줄에 부딪혀 울리면서 '뚝'하는 소리가 나는 것이다.**

한번 소리가 난 관절을 연이어서 소리를 내지 못하는 이유는 가스가 다시 관절액에 녹을 때까지 시간이 걸리기 때문이다. 손가락 관절을 반복해서 뚝뚝 꺾으면 손가락이 두꺼워진다고 하는데, 그 진위는 확실하지 않다. 그러나 기포가 튀는 순간은 작은 면적에 1톤 이상이나 되는 힘이 작용한다고 한다.

무리해서 힘을 계속 가하면 관절 조직이 손상될 가능성도 있으니, 재미로 손가락 꺾는 행위는 삼가는 편이 좋다.

> ## 관절을 부드럽게 움직이는 관절액이 소리의 정체?
> ### 관절을 꺾으면 관절액(활액)의 기포가 튀면서 소리가 난다

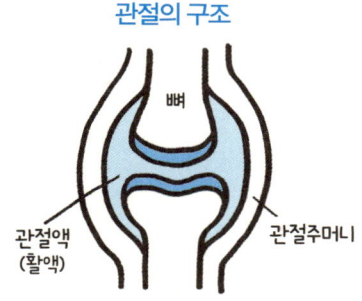

관절의 구조

뼈 / 관절액(활액) / 관절주머니

관절에서 소리가 나는 것을 '크래킹'이라고 한다.

손가락, 목, 턱, 손목, 팔꿈치, 무릎 등 여러 부위의 관절에서 생긴다.

뚝뚝 소리 나는 구조 (유력한 설)

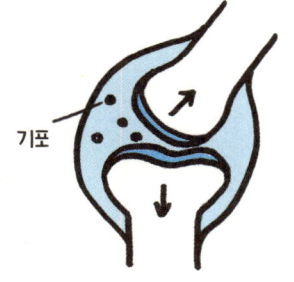

기포

뚝 / 뚝

관절을 꺾었을 때, 관절주머니 속의 압력이 떨어지면서 관절액에 작은 기포가 생긴다.

기포 튀는 소리가 뼈와 관절주머니 등에 부딪혀서 딱 하는 소리로 들린다.

관절 꺾는 버릇이 들면 손가락이 두꺼워진다

손가락을 꺾어서 뚝뚝 소리를 내면 기분이 시원해져서 습관이 된다고 한다. 같은 손가락 관절을 하루에 10번 정도 한 달 동안 계속 꺾으면, 염증이 생겨서 관절이 두꺼워진다는 데이터가 있다. 그러나 목의 경우에는 연골이 신경을 압박해서 손이 저릴 수도 있으므로 계속 반복하지 않는 게 좋다. 그만두지 못할 때는 천천히 스트레칭을 하듯이 손가락을 늘리고 꺾는다.

42 발바닥의 장심은 왜 있을까?

인간이 걷는데 중요한 역할을 한다!

'발바닥의 장심'은 발바닥의 움푹 팬 부분이다. 인간의 발은 근육이 26개의 뼈를 지탱하는 아치 모양이다. 반원형 모양의 아치는 다리나 터널에도 사용되는 것처럼 위에서 누르는 힘에 가장 강한 구조로 인간이 두 다리로 몸을 지탱하고 걸을 수 있는 것은 발이 아치 모양이기 때문이다.

발바닥에는 3개의 아치가 있다. 첫 번째는 장심으로 가장 큰 안쪽세로발바닥활(엄지발가락 쪽), 두 번째는 가쪽세로발바닥활로 겉으로는 잘 보이지 않지만 견고한 작은 아치, 세 번째는 엄지발가락이 붙어 있는 부분과 새끼발가락이 붙어 있는 부분을 가로로 연결한 가로 아치이다.

장심에는 지면에서 받는 힘으로부터 발을 보호하는 쿠션 역할이 있고, 만약 지면에 발바닥 전체가 닿는다면 발바닥 전체가 지면의 충격을 받게 된다. 장심이 있어서 발에 가해지는 부담이 줄어드는 것이다. 게다가 몸의 균형을 잡는 센서 역할도 한다.

장심이 없는 '평발'의 경우에는 이런 쿠션이 없기 때문에 발이 쉽게 피곤해지고, 장시간 걸으면 발바닥에 통증이 생기기 쉽다.

장심은 인간에게만 있고, 다른 동물에는 없다. 갓난아기도 태어났을 때는 평발이지만, 일어서서 걸음마를 하게 되면 3세 정도부터 아치가 형성되고 9세 정도에 완성된다. 아치를 발달시키기 위해서는 이 시기에 발가락을 제대로 사용해서 걷는 연습을 하는 것이 중요하다.

생활 습관의 변화로 현대인은 장심이 퇴화하는 경향이 있다. **발 근육에는 혈액을 심장으로 보내는 펌프 기능도 있다.** 걷는 습관이 줄면, 발 근육이 쇠퇴하고 혈류가 나빠져서 건강에 여러 가지 장애를 초래한다.

발바닥의 장심은 몸을 지탱하고, 발을 충격으로부터 보호한다!
장심의 아치 구조는 위에서 누르는 힘에 강하다

발바닥의 장심을 지탱하는 3개의 아치

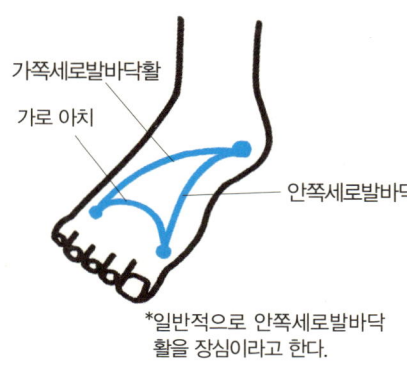

- 가쪽세로발바닥활
- 가로 아치
- 안쪽세로발바닥활

*일반적으로 안쪽세로발바닥활을 장심이라고 한다.

[아치의 기능]
용수철 작용·쿠션 작용·균형 작용

발바닥의 장심이란

발바닥이 지면이 닿지 않은 움푹 팬 부분. 근육이 26개의 뼈를 지탱하는 아치 구조로 이루어져 있다.

발바닥의 장심이 없는 '평발'

걷기 힘들고, 쉽게 피곤해지고, 발바닥에 통증이 생긴다. 무지외반증이 될 가능성도 있다.

아치 모양이 위에서 내리는 힘에 강한 이유

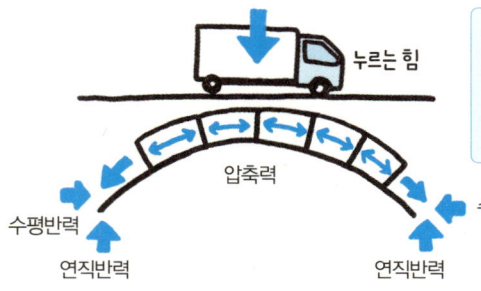

- 누르는 힘
- 압축력
- 수평반력
- 연직반력

외부로부터 힘이 가해지면 힘을 옆으로 분산하려고 지지점에 큰 수평력이 발생한다. 그리고 지면에서 수평반력과 연직반력이 발생해서 압축력으로 지탱한다. 아치형 다리나 터널에 이용된다.

발바닥을 단련해서 아치를 유지한다

인간에게 중요한 혈의 대부분이 발바닥에 있다. 발바닥 근육을 단련하려면 장심을 제대로 관리하는 게 중요하다. 발바닥을 단련하기 위해서는 발가락을 움직이는 방법뿐이다. 발가락으로 서기, 발가락 가위바위보, 바닥에 펼친 수건을 발가락으로 잡아서 조금씩 끌어당기는 '수건 당기기 운동' 등의 발 운동으로 발바닥을 단련하자.

수건 당기기 운동
발가락을 굽히고 펴면서 수건을 잡아 조금씩 끌어당긴다.

43 식초를 마시면 정말로 몸이 유연해질까?!

미신이지만, 식초에는 굉장한 힘이 있다!

옛날부터 "몸을 유연하게 만들고 싶으면 식초를 마시라"는 말이 있다. **식초에 함유된 초산과 효소에는 단백질을 분해하거나 칼슘을 녹이는 기능이 있다.** 조리할 때 육류나 생선을 식초에 담가 뼈를 부드럽게 만드는 데서 연상해서 생긴 말이겠지만, 안타깝게도 과학적인 근거가 없는 미신이다.

식초의 주성분인 초산은 체내에 들어가면 분해되어 구연산이 생성된다.

매실이나 레몬 등에 함유된 구연산에는 피로 회복을 촉진하거나 온몸의 혈류를 개선하는 효과가 있다. **이러한 구연산의 기능으로 체내 피로물질이 제거되고 근육이 풀어지면 피곤해서 딱딱해진 몸이 유연성을 회복해서 '부드러워졌다'고 느낄 수도 있다.**

그렇다고 해서 정말 뼈와 근육이 부드러워진 것은 아니다.

하지만 구연산에는 앞에서 말한 효과는 물론 미네랄의 흡수를 돕거나 자외선을 받으면 생기는 활성산소를 제거해서 피부를 보호하는 등 몸에 좋은 효과가 많다. 게다가 항균 작용이나 산미에 따른 식욕증진, 저염 작용, 혈당치 상승을 완만하게 하는 등 식초 자체의 작용도 놓칠 수 없다.

몸을 부드럽게 만드는 효과는 없어도 건강을 위해서 매일 요리에 식초를 가미하도록 하면 좋다. **몸의 부드러움은 관절 주변의 심줄이나 근육의 유연성, 관절의 가동역의 넓이로 결정된다.** 힘줄이나 근육이 유연하면 팔다리를 크고 부드럽게 움직일 수 있기 때문에 운동에 필요한 동작도 잘 할 수 있게 된다.

정말 유연한 몸을 만들고 싶다면 적당한 스트레칭이 가장 효과적이다.

식초를 마시면 몸이 유연해진다는 말에는 과학적인 근거가 없다!
식초는 혈류개선과 면역력 향상에 굉장한 효과가 있다

왜 몸이 유연해진다는 속설이 생겼을까?

- 요리에서 식초로 생선 뼈를 부드럽게 만들거나 달걀껍데기를 녹이거나 하는 것과 연관지어 몸을 유연하게 만든다고 생각했다.
- 어떤 서커스단이 피로 회복을 위해 식초를 대량으로 구입한 것을 본 사람들이 '식초를 마시면 몸이 유연해진다'고 착각하면서 근거 없는 소문이 널리 퍼졌다.

식초에 있는 굉장한 효과!

- 고혈압 억제
- 면역력 향상
- 다이어트 효과
- 내장 환경 개선
- 피로 회복

*강한 자극은 위나 장에 상처를 주므로 너무 많이 마시거나 원액으로 마시지 않도록 주의

이중관절은 어떤 관절?

고관절이 180°로 열리거나 엄지손가락이 손등에 닿는 등 일반 사람이 평생 열심히 훈련해도 안 되는 동작을 아무 고통 없이 쉽게 해버리는 사람이 있다. 관절 과도 가동성이라는 증상인데 '이중관절'이라는 선천적으로 관절의 가동역이 넓은 관절을 가진 경우이다. 관절의 요철(凹) 부분이 느슨하거나 특별한 탄성연골이 있어서 나타나는 증상으로, 체조선수나 발레리나를 꿈꾸는 사람한테는 유리하다고 여겨진다. 대략 20명 중 1명꼴이라고 하는데, 탈구되기 쉽거나 금방 피곤해지는 등의 단점도 있다.

44 근육통의 '유산(乳酸) 범인설'은 누명이었다?!

손상된 근섬유를 회복하는 염증설이 유력!

운동한 후에 생기는 '근육통'에는 '즉발성'과 '지발성'의 두 종류가 있다.

'즉발성 근육통'은 이름처럼 운동한 직후에, 빠르면 운동하는 중에 생긴다. 근육이 뜨겁고 무겁다는 통증을 느끼고, 몸을 움직였을 때만이 아닌 장시간 같은 자세로 앉아 있기만 해도 생기는 경우가 있다. 이 경우의 통증은 피로물질인 **수소이온**의 발생이 원인이다.

다른 하나인 '지발성 근육통'은 소위 '근육통'을 말하는 것으로 운동하고 몇 시간에서 며칠이 지난 후에 근육을 움직이면 통증을 느끼는 게 특징이다. 근육통의 발현은 근육을 어느 정도 사용하는지에 따라 개인차가 있지만, 나이와는 상관없다. 과거에 근육통은 피로로 인해 축적된 '**유산(乳酸)**'이 원인이라고 생각했다. 그러나 **지금은 유산이 피로를 일으키는 물질이라는 생각이 잘못된 것으로 여겨지면서 유산에 대한 '누명'일 가능성이 나온 것이다. 그리고 '근섬유'의 손상을 회복할 때 생기는 염증이 원인일 거라는 주장이 대두했다.**

근섬유는 근육이 수축하는 움직임보다 이완하면서 움직일 때 손상되기 쉽다. 원래 근육은 수축하면서 힘을 내는 구조이기 때문에 이완하면서 힘을 내는 움직임에는 익숙하지 않다. 그래서 스쿼트 등으로 근육을 늘릴 때는 근섬유에 부담이 커지면서 손상되기 쉬운 것이다.

현재는 이렇게 손상된 근섬유를 치료하려고 염증이 생기고, 근섬유를 감싼 근막에 히스타민이나 아세틸콜린, 브라디키닌 등의 통증 물질이 자극을 주어서 **근육통이 생긴다는 설이 유력해졌다.** 또한 근섬유가 찢어져서 근육통이 생긴다는 설도 있는데, 근섬유에는 통증을 느끼는 구조가 없기 때문에 이 주장은 틀린 것 같다.

유산은 통증과 결림을 일으키는 피로물질이 아니었다!
손상된 근섬유를 회복시키는 염증설이 부상

유산이 통증의 원인이 아닌 이유

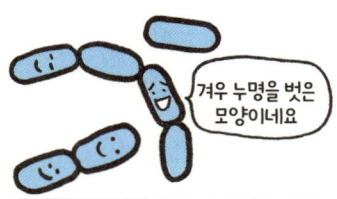

- 유산이 피로물질이라는 생각 자체가 오류였다.
- 운동을 하지 않을 때도 유산이 생성된다.

근육통이란?

운동 후 몇 시간에서 며칠 후에 생기는 근육통(지발성 근육통). 그 원인은 의학적으로는 아직 확실히 해명되지 않았다.

근육통이 손상된 근섬유를 회복시키는 '염증설'

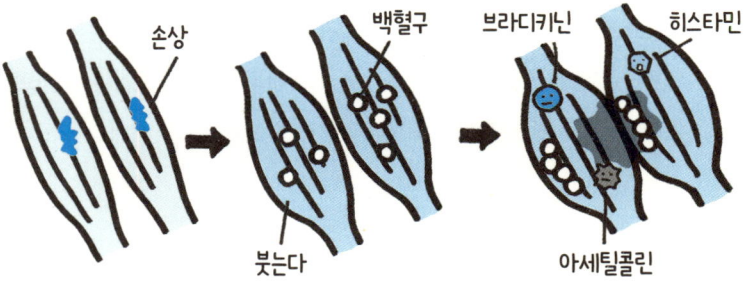

① 격한 운동으로 근섬유가 손상을 입는다.

② 그 상처를 회복하려고 백혈구가 모여들어 염증이 생긴다.

③ 통증을 일으키는 자극물질이 생산되어 통증을 느낀다.

근육통이 생겼을 때의 대처

근육통이 심할 때는 우선 환부를 차갑게 해서(얼음찜질·파스) 통증을 풀어준다. 통증이 가라앉으면 욕조에 들어가 몸을 따뜻하게 하고, 가벼운 마사지 등으로 혈행을 촉진한다. 예방은 운동 전에 준비체조로 워밍업을 하고, 격한 운동 후에는 가볍게 걷는 등 쿨다운시키고 수분을 충분히 섭취한다.

COLUMN

폐경 후 여성이 걸리기 쉬운 골다공증을 맥주로 예방?!

뼈는 성인이 되어서도 관리가 이루어져 새로운 뼈로 다시 태어난다. 이것을 '뼈의 리모델링(골개변)'이라 하는데, 뼈파괴세포로 뼈를 녹여서 혈액 속에 칼슘을 방출하는 '뼈흡수'와 골아세포의 관여로 혈액 속의 칼슘으로 뼈를 만드는 '뼈 형성' 작용을 통해 몸은 혈중 칼슘 농도와 뼈밀도를 유지한다. 뼈흡수와 뼈 형성의 균형이 무너지면서 뼈 흡수가 진행되어 뼈가 약해진 상태가 '골다공증'이다. 골다공증은 약 80%가 여성이라고 하는데, 폐경 후 여성 호르몬의 감소가 가장 큰 원인이라고 한다. 여성 호르몬인 에스테로겐에는 뼈파괴세포의 기능을 억제하고 골아세포를 활성화해서 뼈밀도를 유지하는 기능이 있는데, 폐경으로 인한 에스테로겐의 급격한 저하가 뼈밀도 감소의 원인이 되는 것이다.

최근 연구에서는 맥주에 있는 홉 성분에 이 뼈밀도 감소를 억제하는 효과가 있다고 밝혀졌다. 동물 실험에서는 적당량(인간으로 환산해서 체중 60kg에 약 100㎖)의 섭취가 골다공증의 위험을 줄인다고 한다. 여성은 맥주 한 잔이 골다공증 예방에 도움이 될지도 모른다. 단, 지나친 음주는 금지다.

제 6 장

생명의 탄생과 신비를 낳는
생식기와 세포·성장의 신비

45 여성은 몇 살까지 아이를 낳을 수 있을까?

마흔을 넘으면 자연임신이 어려워진다

사춘기를 맞이한 여성은 뇌의 시상하부에 있는 뇌하수체에서 '성선자극호르몬'이 분비된다. 이 자극으로 난소에서 여성 호르몬이 나오면서 가슴이 커지고, 난소나 자궁 등의 생식기가 발달하는 등 여러 가지 몸의 변화가 나타난다.

대체로 10세~14세 정도면 난소에서 난자가 배출되는 '배란'이 생기면서 '월경'이 시작된다. 생리주기는 다소 개인차는 있지만, 대략 25일~38일 이내가 정상이라고 한다. **월경이 시작되면 난소는 뇌하수체에서 분비된 '난포 자극 호르몬'의 자극을 받아서 한 달에 한 번 배란이 일어나고 임신·출산이 가능해진다.**

여성이 배란한 것은 난자를 키우는 난포에 저장된 것 중에 가장 성숙한 난자로 한 달에 한 번, 일생 400~500개라고 한다. 이와 같은 난자는 전부 태아 때 난포에 저장되고 태어날 때는 약 200만 개 정도가 있는데, 사춘기 즈음이 되면 20~30만 개로 줄고, 특히 사춘기 이후에는 월 1,000개씩 사멸된다고 한다. 폐경기에는 제로에 가까워진다. 그리고 45세~55세 정도가 되면 폐경을 맞이한다. **폐경의 평균 연령은 50세~51세 정도**이지만, 월경이 있다고 임신이 가능한 건 아니다. 폐경 10년 정도 전부터 배란이 거의 없어져서 자연임신이 가능한 것은 41세~42세 정도까지라고 한다.

20대 초반부터 30대 초반까지 임신·출산에 가장 적절한 시기라고 한다. 일본산부인과학회에 따르면 만 35세 이상의 초산부를 '고령 출산'으로 정의한다. 35세를 넘으면 난소의 기능이 저하하거나 여성 호르몬이 감소하면서 건강한 난자를 만들기 어려워지고, 몸에 여러 가지 영향이 나타나면서 임신·출산이 힘들어지는 것이다.

임신·출산 적령기는 20대 초반부터 30대 초반까지
만 35세 이상의 초산부는 여러 가지 위험률이 높아진다

인생 100세 시대에도 난소의 수명은 변하지 않는다

폐경 10년 정도 전부터 배란이 거의 없어지기 때문에 자연임신이 가능한 것은 41세~42세 정도까지라고 한다.

임신의 구조

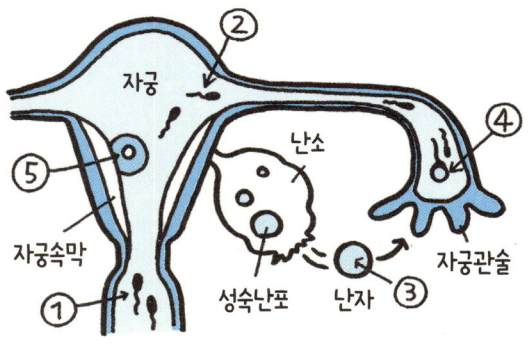

① 사정된 정자

② 정자가 자궁에서 자궁관으로 이동

③ **배란**: 성숙한 난포가 터지면서 난자(난모세포)를 배출한다.

④ **수정**: 정자와 난자가 만나서 1개의 정자가 난자 속으로 들어간다(수정란).

⑤ **착상**: 수정란이 자궁내막(자궁속막)에 파고들어 뿌리를 내린다.

임신이 성립

X정자
- 산성에 강하다.
- 수명이 Y정자보다 길어서 2~3일
- Y정자보다 수가 적다.
- 움직임이 느리다.

남성의 X정자와 Y정자의 특성
이 특성이 염색체 조작 논의를 일으킨다.

Y정자
- 알칼리성에 강하다.
- 수명이 짧아서 약 24시간
- X정자의 약 2배
- 움직임이 빠르다.

고령 출산의 기네스 세계기록은 66세!

고령 출산의 기네스 세계기록은 현재 2006년 스페인 여성으로 만 66세로 358일째 출산이다(2019년 4월 기준). 그러나 인도 남부에서 70대(73세라고도 74세라고도 알려져 있다)의 여성이 2019년 9월에 쌍둥이를 출산했다고 보도되었다. 체외수정으로 고령인 여성은 제왕절개로 출산. 사실이라면 기네스 기록을 경신한 것이 되지만, 안타깝게도 여성의 연령은 실증이 불가능하다.

46 왜 남녀로 나눠져서 태어나는 걸까?

더욱 효율적으로 자손을 남기는 '종족 보존'을 위해서!

남녀로 나눠져서 태어나는 이유를 아메바를 예로 들어 설명해 보겠다. 아메바처럼 암컷과 수컷이 없는 생물은 몸이 두 개로 나눠지는 '**분열**'로 증식한다. 이 경우에 부모와 자식은 완전히 똑같은 유전 정보를 가지게 되고, 환경이 급격히 변하게 되면 거기에 적응하지 못해서 전멸해버릴 가능성이 있다.

한편 **남녀(자웅)가 따로따로 존재하면, 두 개의 유전 정보가 섞여서 다양한 변화가 생겨도 둘 중 하나는 생존해서 자손을 남길 가능성이 생긴다.**

그래서 대부분의 생물 종은 어렵게 유전자 변형을 하는 만큼 생존 기회를 늘릴 수 있도록 최대한 자신과 다른 유전자를 찾는다.

그런 이유로 **비슷한 유전자를 가진 그룹을 수컷(남자)과 암컷(여자)으로 나눠서 효율적으로 변형할 수 있게 한 것이다.**

인간은 46개(23쌍)의 유전자를 가지고 있고, 23번째 염색체가 XY(남성)이나, XX(여성)로 남녀성별을 결정한다. 여성의 난자는 'X염색체'뿐이고, 남성은 'X염색체'와 'Y염색체' 2종류를 가지고 있다. 아이는 부모의 염색체를 반반씩 가지고 있어서 'XX염색체'면 여성, 'XY염색체'면 남성이 된다.

즉 **인간의 경우 태어나는 아이가 부모가 가진 두 개의 유전자를 하나씩 받은 새로운 체질의 인류이다.**

지구환경은 긴 역사 속에서 크게 변화했다. 만약 모든 사람이 같은 유전자를 가지고 있고, 그 유전자가 지구환경에 적응하지 못했다면 인류는 이미 전멸했을지도 모른다. 또한 남녀는 사고방식이나 체질이 다르다. 그 차이가 지금까지 사회의 조화를 이루면서 인류를 이끌어온 것도 부정하지 못한다.

자손을 남기기 위해서 수컷과 암컷으로 나눠진다!
다른 유전자의 자손이 생기면, 생존 가능성이 있다

인간과 아메바의 생식 차이

인간
부모의 양쪽 유전 정보가 전달되어서 새로운 유전자를 가진 자손이 태어난다.

아메바
하나의 몸이 두 개로 나눠져 증식한다(분열). 분열 후에도 같은 유전 정보를 가진다.

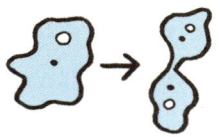

남녀 인식의 차이는 뇌량(뇌들보)의 성차?
(남성 뇌와 여성 뇌의 차이에 관해서는 다양한 의견이 있고, 개인차가 있다)

성차는 남녀 뇌량의 굵기라고 한다

남성은 가늘다

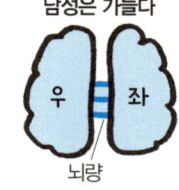

뇌량

남성

여성은 두껍다

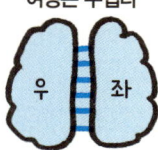

여성

감각력	분석·해석력이 발달한다.	직관력이 뛰어나다.	
연애관	외향 중시, 실연은 겪고 난 후에 자근자근 후회	내면 중시, 실연은 빨리 침울해지고, 회복이 빠르다.	
대화	목적을 해결하기 위해서	말을 하면서 서로 공감한다.	

남성과 여성이 동거하는 자웅동체 선충

선충

선충(선형동물)이란 몸길이 1mm 정도의 작은 벌레인데, 수컷의 기능과 암컷 양쪽의 기능을 가진 자웅동체 2종류가 있다. 수컷은 정자를 만들어 자웅동체와 교미하고, 자웅동체의 개체는 정자와 난자를 만들어 체내에서 자가수정으로 자손을 남긴다. 선충은 수명이 짧은데, 인간의 수명 곡선과 비슷하다는 점에서 노화 연구의 실험모델로 주목을 받고 있다.

47 왜 인간의 아이는 태어나자마자 걷지 못하는 걸까?

본래의 출산 예정일보다 빨리 태어났기 때문에!

동물에는 말이나 소처럼 태어나서 1~2시간 만에 일어서서 걷는 동물도 있지만, 쥐나 토끼처럼 태어나서 바로 자력으로 움직이지 못하고 부모의 보호가 필요한 동물도 있다.

전자를 '이소성' 동물, 후자를 '취소성' 동물이라고 한다. 이소성 동물은 비교적 임신 기간이 길고, 기본적으로 한 번에 하나의 새끼만 낳을 수 있는데, 취소성 동물은 대부분의 경우 임신 기간이 한 달 전후로 짧고, 한 번에 많은 새끼를 낳는 게 특징이다.

인간의 아기는 영장류이면서 '이소성'과 '취소성'의 특징을 모두 가진 **'이차적 취소성'**이라고 한다. 스위스 생물학자 포트만(1897~1982년)은 이런 특징을 근거로 인간이 태어나서 바로 자립하려면 본래 21개월의 태내 생활이 필요한데, 실제로 약 10개월이라는 짧은 기간에 태어나는 **'생리적 조산'**으로 인해 태어나도 바로 걷지 못한다고 한다. **또한 포트만은 인간이 생리적 조산으로 태어나는 이유는 아기와 엄마의 몸의 구조 때문이라고 생각했다.**

첫 번째로 인간은 직립이족보행을 위해 골반 모양을 크게 변형해서 출산할 때 산도가 벌어지기 어려운 형태가 되었다. 그래서 태내에서 아기의 몸이 너무 발육하면 산도를 통과할 수 없게 된 것이다.

두 번째는 머리의 크기이다. **인간은 비약적인 뇌 발달로 머리가 커지다 보니, 다른 이소성 동물처럼 발육할 때까지 태내에서 지내면 일반적인 분만으로 산도를 통과하지 못한다.**

그래서 생리적 조산으로 1년 빨리 밖으로 나오면서 매우 약한 존재로 태어나지만, 이족보행과 큰 머리(두뇌)를 유지·발달시켜 현재와 같은 고도의 문화를 얻게 되었다.

> **아기가 태어나서 바로 걷지 못하는 이유는 생리적 조산 때문에!**
> 골반과 머리가 산도를 통과할 수 있는 크기일 때 낳을 필요가 있었다

동물의 아기가 태어나는 상태 분류

이소성 (부모와 함께 이동하면서 자란다)
- 임신 기간이 길다.
- 원칙적으로 하나만 태어난다.
- 태어나서 바로 움직일 수 있다.
- 말·원숭이·코끼리 등

취소성 (보금자리에서 보호되면서 자란다)
- 임신 기간이 짧다.
- 다산이다.
- 스스로 움직이거나 먹거나 하지 못한다.
- 쥐·개·고양이 등

인간의 아기가 가진 특징

- 임신 기간이 길고, 한 번에 낳는 자손이 적다.
  → **이소성**
- 태어나자마자 운동 기능은 미숙해서 부모의 보호 없이는 살아갈 수 없다. → **취소성**

 이소성 + 취소성
인간은 **이차적 취소성**

인간은 원래 이소성이었는데, 직립보행으로 산도가 축소되고 뇌와 골반이 발달하면서 산도를 통과할 수 있는 크기일 때 태어나게 되었다(생리적 조산).

치질은 인류만 짊어진 숙명!

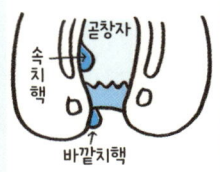

직립보행을 하게 된 인간의 엉덩이는 사족보행 동물과 달리 심장보다 낮은 위치에 있어서 울혈이 생기기 쉬워졌다. 그래서 곧창자 항문부의 혈행이 나빠져서 혈관 일부가 부은 현상이 '치핵'. 치핵은 누구에게나 있고 항문을 닫을 때 쿠션 역할을 하는데, 이 부분이 커지면 통증이 심하다. 3명 중 1명은 걸린다고 하는 숨어 있는 국민병이지만, 당연히 동물은 치질에 걸리지 않는다.

48 사람의 몸은 무엇으로 이루어져 있을까?

약 60%는 수분으로 채워져 있다!

사람의 몸을 구성하는 성분 중에서 가장 많은 물질은 '수분'으로 체중의 3분의 2 정도를 차지한다. 이어서 근육이나, 내장, 혈액, 머리카락, 피부를 만드는 단백질, 지질이고, 그리고 칼슘과 인, 미량의 아연, 철, 동, 마그네슘과 같은 중금속도 함유되어 있다.

근육과 내장을 만드는 것은 생물의 기본 단위인 작은 세포이다. **사람의 몸은 약 37조 개나 되는 세포가 모여서 이루어져 있고, 수분의 3분의 2는 세포 속에 들어 있다.** 세포의 모양은 어디에서 어떤 기능을 하는지에 따라 다르고, 전부 약 200~300종류가 있다고 한다. 세포는 작은 것은 몇 ㎛, 큰 것은 200㎛ (0.2mm)나 되고, 크기도 모양도 다양하다.

그러나 아무리 모양이나 크기가 달라도 기본 구조는 똑같다. 하나의 세포에는 세포 전체를 감싸고 있는 '세포막'과 그 안에 '세포질', 그리고 유전 정보가 들어 있는 '핵'과 활동을 위해 에너지를 만들어내는 '미토콘드리아', 단백질을 만드는 '리보솜', 세포분열할 때 중심이 되는 '중심체' 등으로 구성되어 있다.

사람의 몸은 한 개의 수정란부터 시작된다. 수정란이 세포분열을 반복하고, 근육이나 뼈, 심장과 같이 각각의 역할이 있는 세포로 '분화'된다.

초기 생식세포는 다양한 종류의 세포가 될 수 있는 잠재능력을 가지고 있고, 이러한 상태를 '미분화세포'라고 하는데, **어느 정도 분화가 진행되면 기능이 같은 세포가 모여서 신경·근육·상피와 같은 조직이 된다.**

그래서 성장 후에도 매일 방대한 숫자의 세포가 신진대사를 반복하면서 우리 몸을 유지하는 것이다.

약 37조 개나 되는 세포가 모여서 조직을 만든다!
조직이란 같은 기능의 세포가 모인 것

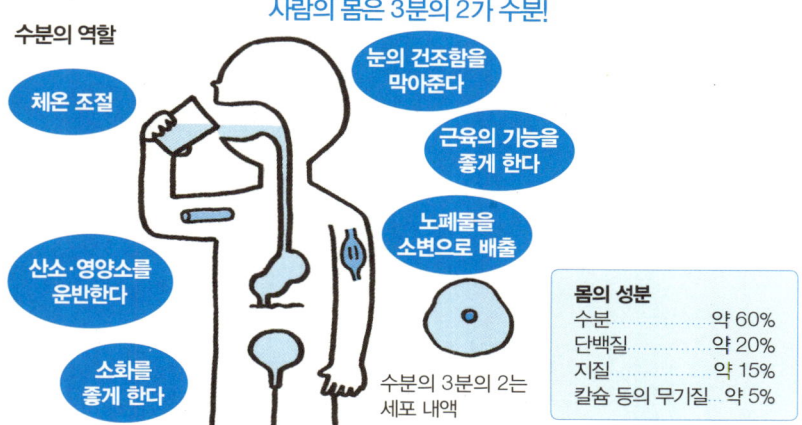

사람의 몸은 3분의 2가 수분!

수분의 역할
- 체온 조절
- 눈의 건조함을 막아준다
- 근육의 기능을 좋게 한다
- 노폐물을 소변으로 배출
- 산소·영양소를 운반한다
- 소화를 좋게 한다

수분의 3분의 2는 세포 내액

몸의 성분
수분 ············· 약 60%
단백질 ·········· 약 20%
지질 ············· 약 15%
칼슘 등의 무기질 약 5%

사람의 몸은 약 37조 개의 세포로 이루어져 있다

2013년에 발표된 논문에서 사람의 세포는 약 37조 개라는 게 밝혀졌다. 이 세포를 한 줄로 세우면 지구를 약 아홉 바퀴 돌 수 있다고 한다.

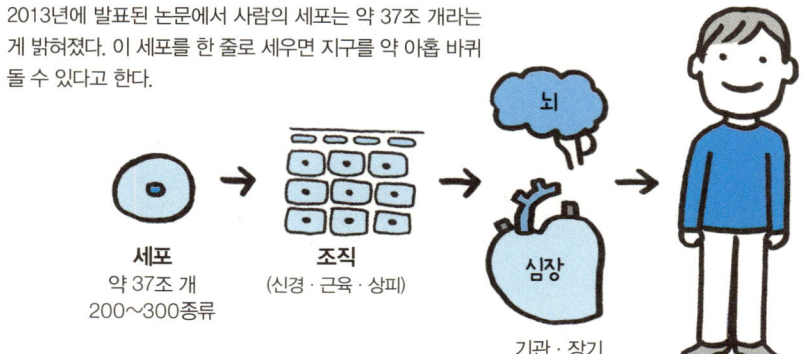

세포
약 37조 개
200~300종류

조직
(신경·근육·상피)

뇌
심장

기관·장기

24시간 리듬을 새기는 '생체 리듬'

시교차상핵

우리는 아침에 일어나서 낮에 활동하고 밤에 잠을 자는 약 24시간 패턴으로 생활하고 있다. 이 패턴은 몇 억 년이나 살아온 생물이 진화과정에서 획득한 것으로 지구상의 대부분의 생물이 가지고 있다. 그 이유는 몸 구석구석에 보이지 않는 시계(생체 리듬)가 내장되어 있기 때문이다. 생식세포를 제외한 모든 세포에 있고, 몸의 중추신경 속에 있는 시교차상핵에서 명령을 내리면 세포가 일제히 움직여 행동한다.

49 세포가 자살한다는 건 무슨 뜻일까?

> 네크로시스와 아포토시스라는 죽음 방법이 있다!

세포의 수명은 몸 부위에 따라 각각 다르고, 가장 긴 뼈세포는 대략 10년, 근육세포는 6~12개월, 피부세포는 20~30일, 가장 짧은 장내 상피세포는 1일이라고 한다. 이와 같은 '세포죽음'에는 크게 나눠서 2종류가 있다.

예정되지 않은 죽음인 '네크로시스(necrosis)'와 프로그램된 죽음인 '아포토시스(apoptosis)'이다. 네크로시스는 외상이나 세균 감염, 영양 부족 등의 외부의 요인으로 세포가 팽창·파열하고 내용물이 유출해서 염증 반응을 일으키는 예상하지 못한 세포의 죽음으로 '**괴사**'라고도 한다.

한편 아포토시스는 '죽음 프로그램'에 따라 세포가 축소·분열해서 마지막에는 '아포토시스 소체'라 불리는 작은 덩어리가 되면 매크로파지(백혈구의 일종)한테 포식되어 소멸하는 '**자발적 죽음**'이다. 염증도 일어나지 않고, 거의 흔적을 남기지 않은 채 일부는 새로운 세포 재료로 다시 이용된다.

아포토시스는 다양한 상황에서 일어난다고 하는데, 척추동물의 신경계의 발생 과정에서는 신경 세포의 약 반 수가 아포토시스로 죽는다고 한다.

예를 들면 태아의 손가락, 발가락이 생기는 과정에서도 아포토시스가 나타난다. 처음에는 주걱처럼 생겼던 팔과 다리 끝이 어느 정도 성장하면 손가락의 사이 부분에 있는 세포가 소멸하면서 우리가 보는 손가락 형태가 완성된다. 또한 피부가 검게 타는 강한 자외선으로 유전자가 회복 불가능할 정도로 손상되면, 피부 세포는 스스로 판단해서 죽고 새로운 피부로 다시 태어나는 등. **손상을 입은 세포는 피해를 주지 않기 위해서 자살하는 아포토시스가 프로그램된 것이다.**

세포의 죽음에는 자살형과 타살형이 있다!
자살의 원인은 인간이 건강하게 살기 위해

세포는 매일 약 300억 개가 죽고 새로운 세포와 교체된다. 이것은 인간이 건강하게 살기 위해 중요한 기능. 암은 세포가 죽음 기능을 없애서 발병한다.

네크로시스와 아포토시스

네크로시스

화상이나 방사선과 같은 외상으로 세포가 부풀고 파열되어 내용물이 방출되면서 정상적인 세포까지 손상된다(괴사).

아포토시스

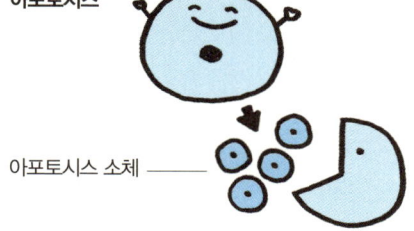

아포토시스 소체

개체를 더욱 좋은 상태로 유지하기 위한 적극적인 죽음. 세포는 쪼그라들고 작은 소세포로 나눠져서 식세포인 매크로파지에 잡아먹힌다. 일부는 새롭게 재이용된다(프로그램 세포 죽음).

아포토시스 예

태아의 손이 형성되는 과정
① 세포분열로 새로운 손을 만드는데, 물갈퀴와 같은 세포도 생긴다.
② 아포토시스로 손가락 사이의 세포가 죽어서 물갈퀴가 소실. 태어났을 때는 아기의 귀여운 손 형태가 된다.

산소 없이 살아가는 다세포 생물의 의의

지중해 해저의 퇴적에서 산소가 없는 환경에서 살아가는 1mm 이하의 다세포 소생물이 처음 발견된 지 오래다. 이 생명체의 구조가 해명된다면 산소가 필요 없는 세포를 만들 수 있고 우주 생활이 가능할 수도 있다. 지하에도 바다가 있다고 여겨지는 목성의 위성 유로파에 비슷한 생명체가 존재한다는 기대감도 높아진다.

50 비만의 최대 적인 체지방이 좀처럼 줄지 않는 이유는 뭘까?

'살 빠지는 지방 세포'를 늘리면 된다!

여성뿐 아니라 중장년층 남성도 신경쓰는 것이 다이어트의 최대 적인 지방이다.

지방 세포는 세포질 내에 '지방 방울'이라 불리는 지방 덩어리를 가지고 있는 세포를 말하는 것으로, 크게 '백색 지방 세포'와 '갈색 지방 세포'로 나눠진다.

일반적으로 체지방으로 인식된 백색 지방 세포는 온몸 여기저기에 있어서 몸의 여분의 에너지를 지방으로 축적한다. 그중에서도 아랫배나 내장 주변, 볼기, 넓적다리, 등, 팔 등에 많고, 볼기나 넓적다리에 지방이 많이 붙으면 '피하 지방형 비만', 배에 지방이 많으면 '내장 비만형 비만'이 된다.

여성의 경우에는 임신후기인 석 달, 모유나 분유를 먹고 성장하는 영아기, 사춘기에 집중해서 증가하고, **한번 늘어난 지방 세포는 줄어들지 않기 때문**에 이 시기에 살이 찐 사람은 다이어트가 어렵다고 한다.

한편 갈색 지방 세포는 주로 목 주변이나 팔뚝, 견갑골 근처, 심장, 신장 주변에 집중해서 분포하고, 지방을 연소해서 열로 변환하여 소비 칼로리를 증가시킨다.

즉, 갈색 지방 세포가 활발한 사람은 에너지를 많이 소비하기 때문에 다이어트하기 쉽다고 하지만, 안타깝게도 갈색 지방 세포는 어릴 때 정점을 찍고 성장하면서 감소한다. 그러나 갈색 세포는 한랭 자극이나 교감신경 자극으로 활성화한다. 동계스포츠는 물론 몸을 너무 차게 하지 않도록 주의하면서 손발을 차가운 물에 담그거나 해서 살 빠지는 지방 세포를 활성화하는 노력을 하자. **최근 백색 세포에서 분화된 '베이지색 지방 세포'가 성인이 되어도 갈색 지방 세포와 같은 지방을 태우는 기능을 하는 '제3의 지방'으로 주목을 받고 있다. 한랭 자극이 백색 세포를 베이지색으로 변환한다고 한다.**

지방을 줄이는 지방 세포가 있다!
제3의 베이지 지방 세포를 늘려서 체지방을 줄인다

여러 가지 지방 세포

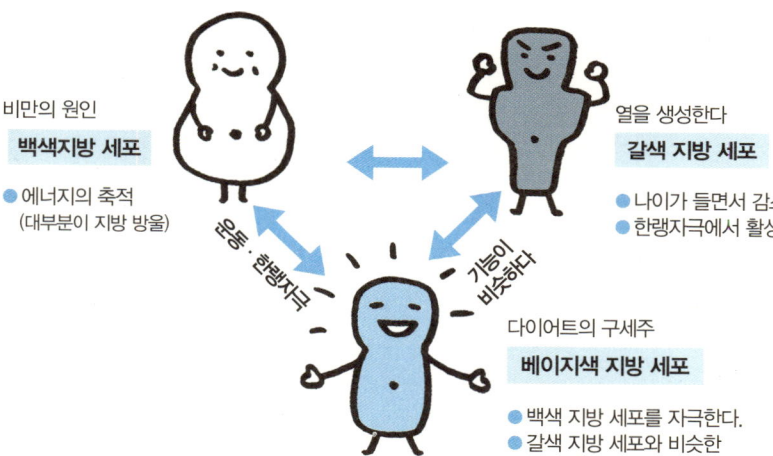

비만의 원인
백색지방 세포
- 에너지의 축적 (대부분이 지방 방울)

열을 생성한다
갈색 지방 세포
- 나이가 들면서 감소
- 한랭자극에서 활성화

다이어트의 구세주
베이지색 지방 세포
- 백색 지방 세포를 자극한다.
- 갈색 지방 세포와 비슷한 기능을 가진다.

온·냉욕으로 갈색·베이지색 지방 세포를 활성화

① 온욕으로 몸을 따뜻하게 해서 몸의 긴장을 푼다.
② 냉수 샤워를 한다.
③ ①, ②를 몇 번 반복한다.

*냉 타올과 온 타올을 교차로 대는 것도 좋다. 그러나 너무 차갑지 않도록 한다. 고혈압·심질환·염증지표가 높은 사람·술을 마실 때는 피한다.

아기의 체온이 높은 이유는 갈색 지방 세포가 많아서

아기를 안고 있으면 따뜻해지는 느낌이 들 때가 있다. 근육도 발달하지 않을 때부터 신생아의 체온이 어른에 비해 높은 경향이 있는 이유는 아기는 근육으로 몸을 떠는 대신 갈색 지방 세포를 이용해서 체온을 높이기 때문이다. 갈색 지방 세포는 아기 때가 정점으로, 어른이 되면 절반 이상까지 감소한다.

51 인간이 암에 걸리는 이유는 뭘까?

돌연변이된 암세포가 죽지 않고 폭주한 결과!

일본에서는 2명 중 1명꼴로 어떤 '암'에 걸린다고 하는데, 암을 앓고 있는 사람은 남성 62%, 여성 47%라고 한다.*

암은 정상 세포의 유전자가 손상을 입어서 돌연변이를 일으킨 '암세포' 덩어리이다. 일반적으로 이변을 일으킨 세포는 '암 억제 유전자'로 제어를 하지만, 어떤 유전자에 갑자기 이변이 생기면 기능이 떨어져서 '암유전자'가 폭주하기 시작한다. 그러면 세포는 죽지 않고 분열을 반복하면서 계속 늘어나게 되는 것이다.

우리 몸속에서는 매일 약 5,000개의 암세포가 태어난다고 한다. 대부분은 몸의 면역 작용으로 그때그때 퇴치되지만, 살아남은 암세포가 결국 증식해서 '암'이 되는 것이다.

암의 발생 원인에는 '환경적 요인'과 '유전적 요인'이 있다. 환경적 요인으로 담배, 식사, 감염, 과음 등이 있다. 게다가 스트레스에 의한 활성 산소의 증가나 면역력의 저하도 암 발생의 큰 요인 중 하나이다. 유전적 요인으로는 대장암, 전립선암, 유방암, 난소암의 일부는 유전적 요소가 관여하는 것도 있다고 한다.

가족 중에 '젊어서 암에 걸린 사람이 있다', '반복해서 암에 걸린 사람이 있다', '특정 암이 많이 발생한다' 등의 사례가 있는 경우에는 유전될 가능성이 있다. **암은 노화 현상 중 하나라는 견해도 있고 좀처럼 피하기 어렵지만, 금연이나 음주량을 줄이고, 균형 잡힌 식사와 적당한 운동, 그리고 질 좋은 수면 등으로 생활 습관을 고쳐서 암에 걸리기 힘든 몸을 만드는 노력을 해야한다.**

---

* 한국은 2018년 통계청 자료에 따르면 인구 10만 명당 473.3명으로 발병률 37.4% – 역자 주

> 암은 암세포가 폭주해서 갑자기 이변을 일으킨다!
> 담배, 식생활 등 암을 유발하는 요인은 일상생활 속에 있다

정상적인 세포가 손상을 입으면 암 억제 유전자의 기능이 떨어지고, 이상 세포가 분열·증식해서 암세포가 된다.

주변에 있는 주요 발암 물질과 요인

암 억제 단백질을 생성하는 유전자 'BRCA1·2'에 변이가 있으면 유전성 유방암, 난소암의 가능성이 커진다.

개의 암 중에는 전염성 암이 있다!

개는 인간과 마찬가지로 암이 발병되는데, 개들 간에 전염되는 암이 있다. 개가 교미했을 때 종양 세포가 떨어져서 상대 개한테 옮긴다. 이것은 절멸한 시베리아견이 남겨둔 것으로, 이와 같은 전염병의 종양은 지금도 아프리카나 오스트리아, 미국 일부 등 세계 각지의 개에서 나타난다. 사람에게 전염될 가능성은 없다고 한다.

52 부모를 꼭 닮은 아이와 닮지 않은 아이가 있는 이유는 뭘까?

유전의 영향을 받지만, 부모의 특징을 그대로 이어받지 않는다

같은 부모·자식이라도 복사한 것처럼 똑같은 경우도 있지만, 전혀 닮지 않은 경우도 있다. 사람의 키나 피부, 머리카락 색, 체질이나 능력 등 개인의 개성이 되는 특징은 염색체에 있는 2만 개의 유전자에 의해 결정된다. 예를 들어 일란성쌍둥이의 경우에는 완전히 같은 유전자를 가지고 있어서 100% 똑같지만, **부모·자식의 경우에는 겉으로 보기에 아무리 닮아 있어도 절반은 다른 한 명의 부모 유전자를 이어받고 있기 때문에 똑같다고는 할 수 없다.**

부모·자식이 닮기 쉬운 얼굴 부분은 눈, 코, 턱(윤곽)의 세 곳이라고 하는데, 닮았다고 하는 부모·자식은 이 세 곳이 닮다 보니 전체적인 인상이 그렇게 보여서 부모 중 한 명을 닮았다고 하는 것이다. **또한 부친도 모친도 닮지 않은 경우에는 조부모한테 유전된 '격세유전'을 생각해볼 수 있다.**

인간의 염색체는 23개 2세트로 총 46개인데, 임시로 2세트 4개로 계산한다. 조부와 조모한테 이어받은 4개이다. 2세트 4개의 염색체를 가졌을 것으로 보이는 부친이 1세트에 2개 염색체를 가진 정자를 만들 경우 조부모한테 받은 염색체의 조합은 4가지 패턴이 된다. 실제로 인간의 염색체는 1세트가 23개이므로 2의 23승은 838만 8,608종류나 되는 정자와 난자를 만들 수 있다는 계산이 된다. **이와 같이 조부모의 유전자가 세대를 뛰어넘어 랜덤으로 유전되는 구조를 '임의배열(random assortment)'이라고 한다.** 게다가 부모와 다른 염색체를 낳은 '유전자 재조합' 등도 발생해서, 부에도 모에도 없는 유전자가 탄생하는 것이다.

부모의 유전자라도 똑같아질 수는 없다. 공통점도 있고 상이점도 있다. 닮았지만 똑같지 않은, 그것이 부모·자식의 모습이다.

'개구리 새끼는 개구리', '솔개가 매를 낳다' * 둘 다 맞는 말!
부모·자식은 공통점, 상이점도 있다. 닮았지만 똑같지는 않다

* '개구리 새끼는 개구리: 부전자전', '솔개가 매를 낳다: 개천에서 용 난다'라는 의미 – 옮긴이

일란성쌍둥이는 대체로 100% 같은 유전 정보를 가진다

부모자식의 유전 정보
- 돌연변이로 평균 70개의 부모한테 없는 유전 정보가 생긴다고 한다.
- 양친을 닮지 않았어도 조부모를 닮은 격세유전도 있다.

유전 정보에는 다양성이 있고, 부모·자식이 닮거나 닮지 않거나 한다.

아들은 엄마 닮고, 딸은 아빠 닮고?

- **아들이 엄마를 닮았다고 하는 이유**
  남자는 엄마의 유전 정보 X를 이어받아서 엄마를 닮는다.

- **딸은 아빠를 닮았다고 하는 이유**
  여자 중에 아빠의 X정보와 엄마의 약한 X정보를 가진 딸은 아빠를 닮는다.

성염색체 X염색체는 Y염색체에 비해서 중요한 정보와 얼굴 생김새나 성격을 결정하는 정보량이 많고, 남녀의 성격에 크게 관여한다고 한다. 그러나 유럽에서 얼굴 생김새를 결정하는 5개의 유전자를 발견했지만, 성염색체가 아닌 상염색체에서 많이 나타났다는 결과 때문에, 부정론도 있다.

비만의 원인이 유전자에도 있었다!

운동·식습관의 개선은 비만 대책에 중요

베타 아드레날린 수용체와 같이 50개가 넘는 기초대사와 관련된 유전자가 비만과 연관이 있다는 사실은 잘 알려져 있는데, 최근에는 에너지 대사 작용이 아닌 식욕에 관련된 유전자가 발견되었다. 이 유전자 스위치가 켜져서 뇌에 전달되면, 식욕을 억제할 수 있다고 한다.
반대로 꺼진 상태에서는 과잉섭취로 비만의 원인이 된다.

53 수명을 연장하는 '텔로머레이스'란 뭘까?

생명 회수권, 텔로미어의 길이를 연장하는 효소 발견!

우리는 세포분열로 새로운 세포를 만들면서 생명을 유지한다. 세포가 항상 젊고 건강하다면 불로장생도 꿈은 아닐 테지만, 안타깝게도 분열 횟수에는 한계가 있다. **그 열쇠를 쥐고 있는 것이 염색체 말단에 있으면서 염색체를 보호하는 '텔로미어'이다.**

텔로미어는 세포분열을 할 때마다 조금씩 짧아져서 어떤 한도를 넘으면 세포의 노화가 일어나서 그 이상 세포분열을 할 수 없게 된다. 이것을 '**헤이플릭 한계**'라 하고, **하나의 세포가 세포분열을 할 수 있는 횟수는 50~60번이라고** 한다. 그래서 이 '생명 회수권'을 다 사용하는 120세가 인간 수명의 한계라고 한다.

이 상식을 뒤집은 것이 '**텔로머레이스**(Telomerase)'라는 효소의 발견이다. 텔로머레이스는 줄기세포나 생식 세포, 그리고 암세포에서 나타나고, 텔로머레이스가 짧아지는 것을 지연시키거나 늘리거나 하는 기능이 있다. **특히 암의 경우 암세포의 약 90%에 텔로머레이스가 보이고, 비정상적인 증식을 반복하는 하나의 원인이라고 여겨진다.**

텔로머레이스를 활성화해서 텔로미어의 길이를 늘일 수 있다면, 지금보다 많은 '생명 회수권'을 획득할 수 있고, 수명의 연장도 기대할 수 있다. 텔로머라아제는 식사나 운동으로 활성화할 수 있다고 한다.

실제로 저지방에 채소와 과일이 많은 식사와 주 5회 이상의 유산소 운동, 스트레스 관리 등 '건강한 생활'을 5년 동안 지속한 사람의 텔로미어는 아무 것도 하지 않은 사람들이 3% 짧아진 데 비해 10%나 길어졌다는 실험 결과가 있다. **그러나 텔로머레이스를 억지로 많이 늘리면 나쁜 부작용이 생길 수도 있으니 주의가 필요하다.**

생명의 불가사의, 노화를 제어하는 텔로미어!
텔로머레이스라는 산소를 활성화해서 수명을 연장한다

장수의 열쇠를 쥐고 있는 텔로미어

텔로미어는 세포의 염색체 양쪽 끝에 있는 구조.
염색체의 말단을 보호한다.

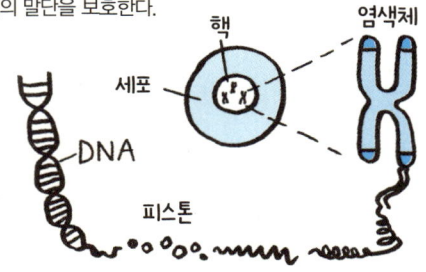

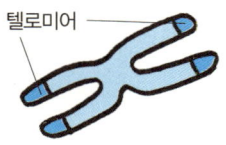

세포분열을 할 때마다 텔로미어는 짧아지고, 결국 분열도 하지 않게 되어 노화세포가 된다.

노화와 텔로미어의 관계

젊은 세포의 염색체의 텔로미어는 길다.

나이와 더불어 세포가 분열하고, 35세가 되면 반으로 준다.

50~60회 정도로 세포분열이 멈춘다.

텔로미어를 연장하는 산소·텔로머레이스
- 식사나 운동 등의 생활 습관을 개선해서 텔로머레이스를 활성화한다.
- 암세포는 텔로머라아제가 활성화해서 무한하게 분열·증식한다.

우주에 체재하면서 생긴 텔로미어의 변화

일란성쌍둥이 우주비행사 중 한 명이 우주(ISS)에 체재하고, 또 한 명은 지상에 남아 몸의 차이를 조사하는 쌍둥이 연구를 통해 텔로미어의 변화가 밝혀졌다. 그것은 우주로 날아간 비행사의 텔로미어가 우주에 있는 동안에 현저하게 늘어난 것이다. 그러나 이후 지구로 돌아와 48시간이 지나는 동안 줄어들기 시작하더니 원래대로 돌아가서 더 짧아졌다. 그 원인은 아직 해명되지 않았다.

54 여성이 남성보다 장수하는 이유는 뭘까?

환경 요인과 몸의 구성이 크게 영향을 미친다!

일본인 평균수명은 여성이 87.32세, 남성이 81.25세로 여성이 6세 정도 장수한다고 한다.* 이것은 비단 일본만이 아닌 세계적으로도 여성이 장수하고, WHO(세계보건기구)가 발표한 세계 평균에서도 여성 74.2세, 남성 69.8세이다(2016년). **남녀 평균수명의 차이에 대해서는 여러 가지 설이 있고,** '호르몬설(에스트로겐설)'이나 '염색체설', 남녀가 받는 사회적인 스트레스 차에 따른 '환경설', '가슴샘설', 또는 여성은 자손을 돌봐야 하기 때문에 폐경 후에도 장수하도록 진화했다는 '할머니 가설'까지 다양하다.

에스트로겐설은 여성 호르몬인 에스트로겐이 나쁜 콜레스테롤을 줄이면서 뇌졸중이나 심장병의 원인이 되는 동맥경화를 막아서 여성의 몸을 보호한다고 한다. **나이가 들면서 수명의 남녀 차가 줄어드는 이유는 폐경으로 에스트로겐 분비가 격감하기 때문이라고 여겨진다.** 염색체설은 여성의 XX염색체(성염색체)는 남성의 XY염색체보다 면역기능이 높기 때문이라는 주장으로, 이것은 남아의 사망률이 여아보다 높다는 것과 연관된다.

또한 **면역에 중요한 역할을 하는 '가슴샘'의 위축이 원인이라는 '가슴샘설'이다.**

심장의 상전부에 있고, T림프구(T세포)라 불리는 백혈구를 만드는 가슴샘이 여성에서는 나이가 들면서 천천히 위축되는 데 반해, 남성의 경우에는 10대에 정점을 찍은 후 20대를 넘으면 급속하게 위축해서 40대에는 최고일 때 50%, 70대에는 10% 정도가 된다. **가슴샘에 있는 항산화물질의 감소와 관련된다고 보이고, 남성 쪽이 면역기능의 저하가 빨리 찾아오기 때문에 수명의 차이로 이어진다고 여겨진다.**

---

* 한국의 경우 2019년 통계청 발표에 따르면 여성이 86.3세, 남성이 80.3세—역자 주

남녀의 수명 차에는 여러 가지 요인이 있다
여성 호르몬설, 환경설 등 다양하다

남성
평균 수명 80.98세
건강 수명 72.14세
걸리기 쉬운 병
위암·심근경색·폐암·요로결석 등

여성
평균 수명 87.14세
건강 수명 74.79세
걸리기 쉬운 병
골다공증·알츠하이머 치매, 관절 질환, 갑상샘 등

(수치는 2016년 일본 건강 수명의 데이터를 참고로 해서 본문과 다르다)

여성이 남성보다 장수한다는 설

● **에스트로겐설**
여성 호르몬인 에스트로겐이 나쁜 콜레스테롤을 줄여서 동맥경화 등을 예방

● **성염색체설**
여성 염색체는 면역 기능이 높다.

● **가슴샘설**
남성의 흉선이 나이가 들면서 급속하게 위축되어 면역 기능이 떨어진다.

● **환경설**
남성은 스트레스가 많은데, 건강에 장애가 생겨도 진료 받을 기회가 적다.

가슴샘

홍콩을 장수 세계 1위로 만든 한약이 들어간 스프

일본 후생노동성이 발표한 2018년 간이생명표에서 홍콩이 남성 82.17세, 여성이 87.56세로 4년 연속 장수 세계 1위가 되었다. 과거에는 평균수명이 그렇게 길지 않았는데, 홍콩정부가 2000년에 건강촉진 프로젝트를 세워서 운동할 수 있는 시설을 늘리고 식사로 질병을 예방하는 '의식동원'이라는 생각을 침투시킨 덕이다. 그중에서도 한약이 들어간 스프는 빼놓을 수 없는 음식이라고 한다.

COLUMN

유전자, DNA, 염색체, 게놈의 차이를 알고 있을까?

유전과 관련이 있는 단어 중에서도 혼동하기 쉬운 유전자와 DNA, 염색체, 게놈(genome)의 차이를 확인해 두자.

우선 세포의 핵 속에는 부모한테 23개씩 유전된 46개의 '염색체'가 있다. 염색체는 '히스톤'이라는 단백질에 'DNA'가 감겨있는 봉 모양의 결합체로, 일반적으로 현미경으로 봐도 잘 안 보이지만 세포분열을 할 때는 또렷한 봉 모양의 모습을 나타낸다.

염색체를 하나씩 풀면, 이중의 나선 구조인 DNA가 나타난다.

DNA는 '디옥시리보핵산(deoxyribonucleic acid)'의 줄임말로 네 종류의 염기와 당(디옥시리보오스)와 인산으로 이루어진 '뉴클레오티드'가 연결되어 사슬처럼 만들어진 유전자를 전달하는 물질이다. 이 염기의 배열 방법이 '생명 설계도'라고도 불리는 유전 정보로 어떤 염기를 어떤 순서로 배열하는지가 그려진 '유전자'가 DNA의 이중나선 위에 얹혀 있다.

이것을 책으로 비유하면 DNA는 글자가 인쇄된 종이이고, 유전자는 종이에 인쇄된 문장, 그리고 염색체는 한 권의 책으로, 23권이 한 세트인 시리즈 2세트가 꽂혀 있는 책장은 게놈이다.

잠 못들 정도로 재미있는 이야기
인체의 신비

2022. 3. 14. 초 판 1쇄 인쇄
2022. 3. 22. 초 판 1쇄 발행

감 수	오기노 타카시(荻野 剛志)
감 역	윤관현
옮긴이	양지영
펴낸이	이종춘
펴낸곳	BM (주)도서출판 성안당
주소	04032 서울시 마포구 양화로 127 첨단빌딩 3층(출판기획 R&D 센터) 10881 경기도 파주시 문발로 112 파주 출판 문화도시(제작 및 물류)
전화	02) 3142-0036 031) 950-6300
팩스	031) 955-0510
등록	1973. 2. 1. 제406-2005-000046호
출판사 홈페이지	www.cyber.co.kr
ISBN	978-89-315-5820-3 (03510) 978-89-315-8889-7 (세트)
정가	9,800원

이 책을 만든 사람들
책임 | 최옥현
진행 | 권수경
본문 · 표지 디자인 | 이대범
홍보 | 김계향, 유미나, 서세원
국제부 | 이선민, 조혜란, 김혜숙
마케팅 | 구본철, 차정욱, 나진호, 이동후, 강호묵
마케팅 지원 | 장상범, 박지연
제작 | 김유석

이 책의 어느 부분도 저작권자나 BM (주)도서출판 성안당 발행인의 승인 문서 없이 일부 또는 전부를 사진 복사나 디스크 복사 및 기타 정보 재생 시스템을 비롯하여 현재 알려지거나 향후 발명될 어떤 전기적, 기계적 또는 다른 수단을 통해 복사하거나 재생하거나 이용할 수 없음.

"NEMURENAKUNARUHODO OMOSHIROI ZUKAI JINTAI NO FUSHIGI"
supervised by Takashi Ogino
Copyright ⓒ NIHONBUNGEISHA 2020
All rights reserved.
First published in Japan by NIHONBUNGEISHA Co., Ltd., Tokyo

This Korean edition is published by arrangement with NIHONBUNGEISHA Co., Ltd., Tokyo in care of Tuttle-Mori Agency, Inc., Tokyo through Duran Kim Agency, Seoul.

Korean translation copyright ⓒ 2022 by Sung An Dang, Inc.

이 책의 한국어판 출판권은 듀란킴 에이전시를 통해 저작권자와 독점 계약한 BM (주)도서출판 성안당에 있습니다. 저작권법에 의하여 한국 내에서 보호를 받는 저작물이므로 무단전재와 무단복제를 금합니다.